SUSTAINABLE
TRANSPORT SOLUTIONS
Low-Carbon Buses in the People's Republic of China

可持续发展的交通解决方案：
低碳公交车在中国

亚洲开发银行　编著
周睿洋　译

人民交通出版社股份有限公司
China Communications Press Co.,Ltd.

内 容 提 要

本书是对中国低碳公交车进行的第一手评估结果，内容包括中国低碳公交技术、环保性能、财务状况、政策以及面对未来挑战的建议等。本书可供决策者、公交公司经理和有兴趣推广低碳公交车的地方政府借鉴使用，为设计适当的支持政策以及为其城市选择合适类型的公交车提供参考。

图书在版编目（CIP）数据

可持续发展的交通解决方案：低碳公交车在中国 / 亚洲开发银行编著；周睿洋译. — 北京：人民交通出版社股份有限公司，2019.3

ISBN 978-7-114-15290-0

Ⅰ. ①可… Ⅱ. ①亚… ②周… Ⅲ. ①公共汽车—节能—研究—中国 Ⅳ. ① U469.13

中国版本图书馆 CIP 数据核字（2018）第 302963 号

书　　名：**可持续发展的交通解决方案：低碳公交车在中国**
著 作 者：亚洲开发银行
译　　者：周睿洋
责任编辑：刘　博
责任校对：赵媛媛
责任印制：张　凯
出版发行：人民交通出版社股份有限公司
地　　址：（100011）北京市朝阳区安定门外外馆斜街3号
网　　址：http：//www.ccpress.com.cn
销售电话：（010）59757973
总 经 销：人民交通出版社股份有限公司发行部
经　　销：各地新华书店
印　　刷：北京虎彩文化传播有限公司
开　　本：880 × 1230　1/16
印　　张：4.25
字　　数：91千
版　　次：2019年 3 月　第1版
印　　次：2019年 3 月　第1次印刷
书　　号：ISBN 978-7-114-15290-0
定　　价：30.00元
（有印刷、装订质量问题的图书由本公司负责调换）

目录

表和图索引

表

图

序言

目前，中国城市人口和收入的快速增长导致了汽车拥有量快速增加，导致拥堵和空气污染问题日益严重。国家和地方政府已将促进公共交通作为战略重点，并加大力度打造灵活、低成本、高效的公共交通。许多城市已确定了更换和增加现有公交车队的计划，其中有些城市已向公交运营商提供补贴，帮助公交运营商完成公交车队的更换和增补。最近中国北方发生的严重空气污染事件使得更换旧柴油公交车和采用清洁公交车技术变得更加紧迫。

清洁公交车租赁（CBL）计划是亚洲开发银行向中国提供贷款，用于加速低碳公交车（LCB）和新能源公交车部署和推广的一项计划。改进清洁公交运营和管理的技术援助项目已在车辆选择和监控低碳公交车的运行性能方面为清洁公交车租赁(CBL)计划提供支持。混合动力、插电式混合动力和不同类型电动公交车在内的低碳公交车已在中国城市得到广泛推广；截至 2017 年底，超过 35 万辆电动和插电式混合动力公交车已投入到中国城市交通的运营中。

中国已率先发展低碳公交车，并朝着公交车服务的全面电动化方向努力。本书收集了中国 16 个城市不同类型低碳公交车的实际运营数据，研究了低碳公交车的环境和财务影响，以及在中国推广低碳公交车所使用的政策。

本书是与利益相关方进行广泛磋商后，对中国低碳公交车进行的第一手评估结果。该调查结果被用于亚行在中国支持的两个低碳公交车相关项目。本书提供的见解和建议可供决策者、公交公司经理和有兴趣推广低碳公交车的地方政府借鉴，为设计政策以及选择公交车类型提供参考。

东亚部门经理

致谢

本书以全球环境基金资助的改善清洁公交运营和管理技术援助项目为基础。Susan Lim 和 Gloria Gerilla-Teknomo 领导并管理了该技术援助项目。亚洲开发银行（ADB）东亚部门运输和通信部前主任 Robert Guild 提供了全面的指导和监督。

准备本次技术援助报告的专家团队是 Jürg Grütter（团队领导）、Alain Frecon、Agostinho Ferreira、巩丽媛、李嵩、王健、刘莉、杨新征和高华南。我们衷心感谢中华人民共和国交通运输部的支持和指导。

特别感谢共同审稿人：首席气候变化专家 Frederic Asseline、评估专家 Alfredo Bano、投资专家 Manohari Gunawardhena 和亚行首席交通专家 Ki-joon Kim。

货币汇率
（截至 2018 年 7 月）

货币单位 – 人民币元 (CNY)
CNY1.00 = $0.147
$1.00 = CNY6.78

缩略语

ADB	亚洲开发银行
BEB	纯电动公交车
BRT	快速公交
CAPEX	资本支出
CN	中国国家标准
CNG	压缩天然气
FTA	联邦运输管理局
GHG	温室气体
GPS	全球定位系统
GWP	全球变暖潜能值
ICCT	国际清洁交通理事会
IPCC	政府间气候变化专门委员会
LCB	低碳公交车
LNG	液化天然气
LPG	液化石油气
NEV	新能源汽车
OPEX	运营支出
PM	颗粒物
SOC	荷电状态
TCO	总体拥有成本
TTW	油箱到车轮
UNFCCC	联合国气候变化框架公约

WTT	油井到油箱
WTW	油井到车轮

度量衡

dB	分贝
gCO_{2e}/km	克二氧化碳排放当量每公里
$kgCO_{2e}$	千克二氧化碳排放当量
kg	千克
km	公里
kW	千瓦
kWh	千瓦时
m	米
MJ	兆焦耳

摘要

（1）背景

城市空气污染和温室气体的大量排放造成了紧迫的环境问题。城市空气质量直接影响居民的身体健康，人们也越来越关注城市空气质量。

低碳公交车有助于解决环境问题。低碳公交车包括混合动力、插电式混合动力和不同类型的纯电动公交车，已经在中国的城市得到广泛推广。截至 2017 年底，大约有 38 万辆电动和插电式混合动力公交车投入到中国城市交通运营中。本书总结了中国 16 个城市约 7 万辆城市公交车的运营经验，并收集了约 2 万辆低碳公交车的性能数据，其中近 1 万辆是电动汽车。本书的目的是展示中国低碳公交车的实际绩效数据、分析其对环境和财政的影响，并研究推广低碳公交车的政策。本书致力于帮助其他有兴趣推广低碳公交车的城市和国家学习、借鉴中国的经验，为其推动低碳公交车的发展提供参考。

中国大部分城市使用天然气公交车。天然气属于化石燃料，符合中国国家排放标准 IV 或 V，大致相当于欧盟同类标准。城市中使用的绝大多数混合动力公交车是标准的 10~12 米公交车，而 60%的纯电动公交车型号是 6~8 米，极少数的型号是 14 米或铰接式公交车。与传统公交车相比，纯电动公交车主要用于较短的线路，乘客需求较少。截至 2018 年，中国许多城市已停止购买传统的燃油动力公交车。目前的公交车队大约 40%的公交车是低碳公交车 (LCBs)，其中大约一半是纯电动公交车。大多数城市的目标是在未来 2~3 年内实现车队 100%使用低碳公交车，并且许多城市的目标是在 2021 年之前组建纯电动公交车队。本书介绍了从中国 16 个城市收集的不同类型低碳公交车的实际绩效数据，供读者参考，当然这可能无法完全反映全中国的平均情况。

（2）低碳公交技术

混合动力公交车是一种经过验证的可靠的技术，在其他国家和地区也得到了广泛使用。它们的型号和燃料可根据需要组合搭配（例如柴油混合动力或燃气混合动力）。在中国已采集数据的 16 个城市中，它们平均节省了 20% 的燃油，而在汽车使用寿命内节省能源所带来的投资成本将增加 20%。混合动力技术作为实现全电动化的中间技术，大部分用于大型公交车和长途客车上。

由于逐步取消对标准混合动力车的补贴，插电式混合动力公交车在中国非常受欢迎。插电式混合动力车和标准型混合动力车之间的主要技术差异在于前者可以直接在电网上充电。然而，由于电池尺寸小以及充电操作复杂，中国的公交车运营商从未在电网中为插电式混合动力车充电。因此，公交运营商以与标准混合动力车相同的方式使用它们。在这种情况下，插电式混合动力车与标准混合动力车具有相同的环境和财政影响，并且在没有补贴的情况下，插电式混合动力车的成本要高出 20%。因此，由于插电式混合动力车增加的成本和有限的附加值，通常不建议购买插电式混合动力公交车。

在中国，有多种类型的纯电动公交车可供选择，包括仅夜间整夜充电的纯电动公交车、夜间整夜充电且白天快速充电的纯电动公交车、在线路尽端或线路中间站点择机充电的纯电动公交车和无需架空布线即可运行的无轨电车。所选择的系统配置会影响公交车上的电池数量（因此也影响其价格）、充电基础设施、电价（取决于公交何时充电，以及为充电桩安装了哪种电源）以及公交车运营管理。在短距离和中距离线路上，最适用于运营 12 米长的纯电动公交车，而择机充电系统和无轨电车最适合于在乘客需求量大的线路和长途线路上使用。

在项目团队调查的城市中，纯电动公交车的电池组平均型号为：10~12 米公交车使用 210 千瓦时电池，8 米公交车使用 120 千瓦时电池。 通常对纯电动公交车充电的方法是使用 150~400 千瓦的高功率充电桩在夜间充电加上白天一次或多次，每次 15~30 分钟的快速充电。由于成本非常高，电池更换设施已被废弃，择机充电系统仅安装在少数几个城市和选定的线路上。在一些城市，特别是在快速公交线路上，使用了自主行驶距离为 30~50 公里（无架空线路）的无轨电车。大多数电池制造商保证 8 年内的电池荷电状态为 80%。中国的公交车经常在 8 年后更换，即电池更换与公交车更新同时进行。

公交运营商需要根据各种电动公交技术、电池尺寸和充电技术优化电动公交系统配置。公交运营商在确定不同充电制度下公交车的电池尺寸时需要考虑的因素包括：线路距离、带空调的纯电动公交车在夏季的性能、电池储备率和电池容量随时间下降等。最佳系统配置将取决于技术和线路标准、电价（包括消耗量和电力费用）、充电基础设施、公交成本，以及系统灵活性和复杂性。选择最有效和最具成本效益的纯电动公交车比选择柴油或天然气公交车要复杂得多，而且中国的大多数城市都没有用严谨的方式实现这一过程。这基本上导致了公交车电池组太小，以及纯电动公交车数量比系统配置充分完成时所需要的更多。

（3）环境影响

天然气公交车就每公里兆焦耳的能耗而言比柴油机公交车大约多 17%，而纯电动公交车使用的能源比燃油动力公交车低四倍——这清楚地体现了电力牵引的效率。天然气公交车在有关油井—车轮温室气体排放上，与柴油机相比没有任何优势。燃料电池氢动力汽车的油井—车轮温室气体排放量明显高于中国的柴油或天然气公交车。因为如果采用气化技术生产氢气，使用电解或化石燃气制氢的电力用量很高。混合动力和插电式混合动力公交车平均节省 20% 的燃油。纯电动公交车对高温下或冬季加热时空调的使用非常敏感，这可能导致电耗增加 50%。

电动车辆的直接排放量为零。然而，考虑到如果是由于能源生产和运输或传输过程中而在排气管或上游生产环节产生排放温室气体，则直接排放量是否为零就无关紧要了。中国的电力生产仍由化石燃料发电厂主导，导致国家电网的平均电能系数为 0.69 千克二氧化碳排放量每千瓦时（$kgCO_{2e}$ / kWh）。即使使用以化石燃料为主导的电网，纯电动公交车仍然可以将直接和间接的油井—车轮温室气体排放量减少 30% ~40%；而且，如果电力主要由可再生能源产生，这个减少量将会增加很多。因此，为了将纯电动公交车在温室气体方面的潜力兑现，绿化电网是势在必行的。即使考虑到公交车和电池的制造和处置，纯电动公交车的循环寿命内温室气体排放量也远远低于传统装置，这不仅仅是因为与传统公交车相比，它们具有更长的技术寿命，而且是因为它们的电池可以在固定场合重复使用。

纯电动公交车对当地环境的影响非常具有积极意义，包括空气污染和噪声影响方面。然而，从绝对意义上讲，纯电动公交车的优势正在逐渐减弱。因为严格的排放标准也会导致燃油动力的公交车产生的空气污染物（包括氮氧化物和颗粒物）的排放量非常低。因此，纯电动公交车只对车辆排放标准为欧洲标准Ⅳ或更低的国家和城市的空气质量改善做出了重大贡献；在其他国家，它们对改善空气质量的贡献不是决定性的。

（4）财务影响

不同城市的公交投资成本因公交规格而异。与柴油发动机相比，燃气动力公交车的增量成本平均减少 10%。与传统的燃油公交车相比，混合动力公交车造成的额外投资为 20% ~25%；插电式混合动力车为 40% ~50%；纯电动公交车为 100% ~150%。然而，截至 2016 年，补贴完全涵盖了低碳公交车的所有增量成本，并使其购买成本低于传统公交车。

充电桩的平均投资成本为 150 美元 / 千瓦。对充电基础设施的投资，包括变压器等辅助电气设备，可以达到 300~350 美元 / 千瓦。在大多数城市，充电基础设施由第三方提供资金，征收平均 0.05~0.08 美元 / 千瓦时的服务费。

由于能源成本较低，低碳公交车具有较高的投资成本，但运营支出较低，而在纯电动公交车的情况下，维修成本较低。然而，纯电动公交车的轮胎使用量增加了 20%，占公交车总维修成本的 40%左右。常规公交车和混动公交车都在总体拥有成本的可比范围内。在中国，与传统公交车相比，纯电动公交车的总体拥有成本高约 30%。如果纯电动公交车运行 16 年而不是 8 年（即 2 个电池循环周期），则纯电动公交车的总体拥有成本将与传统公交车相当。预计未来的油价上涨和电池成本降低（导致纯电动公交车成本降低）也将有助于缩小这一差距，并使纯电动公交车在财务上与传统公交车相比具有竞争力。

（5）低碳公交车政策

自 2009 年以来，中国国家、省和市政府通过前期购买补贴推动了低碳公交车发展，这使得购买低碳公交车比同型号的柴油或燃气公交车更便宜，这些补贴导致中国大量使用混合动力和纯电动公交车。许多其他国家也有类似的政策，它实现了技术的突破，有效地消除了公交运营商选用低碳公交车的障碍。但是，该补贴正在逐步取消（例如，混合动力车不再获得补贴），中国计划在 2021 年前完全取消补贴。

目前，补贴与公交车的长度、续驶里程、公交车效率和所使用的公交车技术（例如择机充电还是快速充电）有关。但是，补贴并不是没有技术和型号倾向性的，使用中型电池组的小型公交车受到更多的政策优待。

2018 年 2 月提出的一系列暂行规定，要求电动汽车制造商负责电动汽车电池的回收。他们需要建立回收渠道和服务网点，以便收集、存储旧电池并将其转移给专业回收商。与电池制造商及其销售单位一起，电动汽车制造商还必须建立一个可追溯性系统，以便识别废弃电池的所有者。电池制造商也被鼓励采用标准化和易于拆卸的产品设计，以帮助实现回收过程的自动化。他们必须为汽车制造商提供存储和拆除旧电池的技术培训。

（6）未来的挑战

随着中国各城市的公交车队向全面电动化迈进，他们也面临以下挑战：大型公交车的电动化、选择适当的公交车和充电技术、更长线路上使用电动公交车、确定公交车上最佳的电池组和优化充电与公交技术以降低能源成本。

即使在以燃烧燃油为主的电网中，纯电动公交车对减少温室气体排放也有积极影响。然而，只有在电力生产向可再生能源转移的情况下，中国才能进一步减排。

由于技术和操作问题，插电式混合动力车没有在电网中充电，导致插电式混合动力车的补贴并没有产生期望中的环境影响。不推荐对混合动力或插电式混合动力车采取进一步的激励措施，因为混合动力车具有成本效益，而且支持插电式混合动力车并不是一种有效的策略。

纯电动公交车的前期补贴政策导致中国大量采用纯电动公交车。它实现了技术的突破，并有效地消除了运营商采用纯电动公交车的障碍。随着纯电动公交车的增量成本逐渐下降，补贴水平可以降低。

目前的政策具有技术和型号倾向性，支持使用中型到大型电池组的小型公交车，这可能导致公交运营商选择次优的技术和公交车。此外，高额的前期补贴可能会导致车队过于庞大和车辆利用不足。目前中国城市的纯电动公交车的使用情况显示，纯电动公交车的行驶里程仅占传统公交车平均里程的 50%。更有效的激励计划将与纯电动公交车的乘客或公里性能相关，从技术、尺寸和系统中立的角度，以充分和经济高效的方式激励纯电动公交车的使用。

第1章　绪论

城市空气污染和温室气体排放构成了一些最紧迫的环境问题。在许多城市环境中，空气质量越来越受到关注，并对居民产生直接的健康影响，低排放公交车可以帮助解决部分问题。低碳公交车，包括混合动力车、插电式混合动力车和不同类型的纯电动公交车（纯电动公交车、使用择机充电系统的纯电动公交车和无轨电车）已在中国的城市得到广泛推广。[1] 2017年，全球约有385000辆纯电动公交车[2]在路上运营，其中99%在中国[3]。同年，电动和插电式混合动力公交车占中国公交车总数的17%，占中国公交车总销量的22%（见图1-1）。

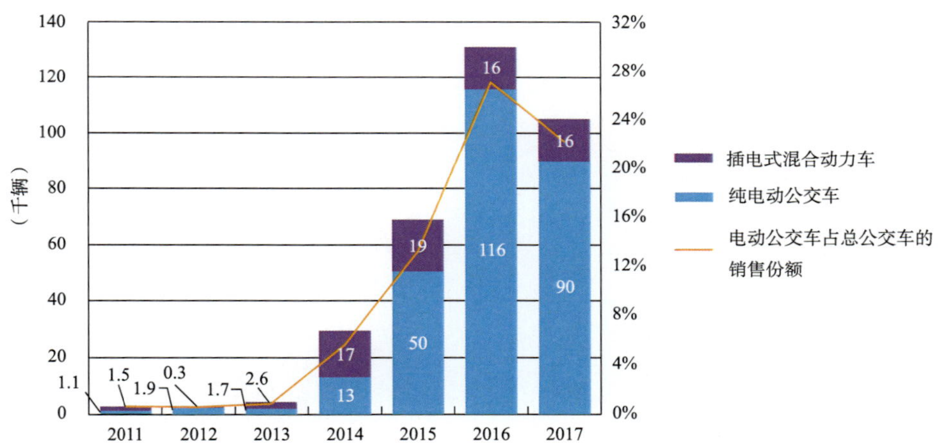

图1-1　纯电动公交车销量和占总公交车的销售份额

资料来源：Bloomberg New Energy Finance，2018年。城市里的电动公交车：朝着更清洁的空气和更低的二氧化碳行驶。https://data.bloomberglp.com/bnef/sites/14/2018/05/Electric-Buses-in-Cities-Report-BNEF-C40-Citi.pdf。

2017年，由于国家、省和地方政府对新能源公交车的补贴减少以及有关补贴支出的法规收紧，纯电动公交车的销量下降了20%。

---

[1] “新能源公交车”一词在中国用于插电式混合动力、电动和燃料电池公交车。

[2] 图包括纯电动公交车和插电式混合动力公交车。

[3] Bloomberg New Energy Finance，2018年。城市里的电动公交车：向着更清洁的空气和更低的二氧化碳迈进。https://data.bloomberglp.com/bnef/sites/14/2018/05/Electric-Buses-in-Cities-Report-BNEF-C40-Citi.pdf.

因此，中国在低碳公交车的运营、性能、影响以及挑战方面拥有独特的经验。本书总结了中国16个城市的经验，将有关低碳公交车的数据与在同一城市和类似线路上运营的常规天然气车辆和柴油车辆的数据进行了比较。[1]

本书的目的是展示中国低碳公交车的实际绩效数据，包括其环境影响、财务业绩、运营风险和其他问题。本报告还评估了用于促进中国低碳公交车的政策以及迈向100%电动化公交运营的关键点，该报告为其他有兴趣推广低碳公交车的城市和国家进行现实环境影响和财务影响分析，以制定适当的支持政策，学习中国的经验提供参考。该报告的独特之处在于，其结论和建议是基于非常大的低碳公交车车队运营的实际性能数据。

该报告的结构如下：

- 第2章　回顾了不同的低碳公交车技术；
- 第3章　评估了低碳公交车对环境的影响；
- 第4章　显示了低碳公交车的财务业绩；
- 第5章　描述了当前的低碳公交车政策；
- 第6章　探讨了实现公交运营全面电动化的挑战；
- 第7章　得出结论并为低碳公交车部署提出建议。

该报告还包括附录，这些附录描述了进一步详细使用的研究方法，并提供了额外的数据。

---

[1] 本研究所包括的城市有保定、北京、常德、福州、广州、衡阳、济南、临沂、上海、滕州、天津、湘潭、延安、扬州、兖州和遵义。对于一些城市（北京，广州，上海），数据基于各种城市公交运营商之一。此外，还参考了郑州的一些数据。

第 2 章　低碳公交技术

2.1　综述

这本关于低碳公交车的书讨论了混合动力、插电式混合动力和纯电动公交车（即可能减少温室气体排放的新公交车技术）。

由于公交车技术自身是传统的柴油或天然气发动机技术，因此，在此分析中不包括生物燃料动力公交车。它们（生物燃料动力公交车）的环境影响纯粹与燃料有关，取决于制造生物燃料造成的上游排放——包括土地利用变化的影响。

天然气公交车被认为是传统公交车辆，因为它们纯粹是以化石燃料为动力的。根据环境标准，其污染水平可以显著低于柴油公交车，但当考虑到甲烷泄漏和与燃料开采、加工、运输有关的上游排放，其温室气体影响可与柴油机相提并论（参考第 3 章，公交车技术对环境的影响的比较）。

燃料电池电动汽车使用氢燃料电池作为驱动车轮的动力源，有时用电池或超级电容器强化动力。与纯电动汽车一样，这些车辆的尾气排放量为零，但可能会在生产氢气时造成污染排放。氢气可以从各种来源生产，包括化石燃料、生物质和电解水。氢气的环境影响和能源效率取决于它的生产方式。最常见的形式是：

- 天然气制备法：通过在高温下使天然气与水蒸气反应，产生包含氢气、一氧化碳和少量二氧化碳的混合气。一氧化碳与水反应产生额外的氢气。这种方法是最便宜、最有效和最常见的方法。
- 电解法：电流将水分为氢气和氧气。从电力转换到氢气的项目正在飞速发展，可用的多余可再生电力用于通过电解法制氢气。在电解中，通常需要大约 50 千瓦时的电力来产生 1 千克的氢气。[1]

公交车的平均氢气消耗量[2]将导致总耗电量比纯电动车辆高三到四倍。例如，12 米氢气公交车使用大约 4 千瓦时 / 公里的电力（包括电解产生的氢气），相比较而言，纯电动

---

❶ F.Büchi，Paul Scherrer 研究所，2016 年。燃料电池发展的趋势和潜力。于 1 月 26 日在杜本多夫的 EMPA 学院发表演讲。

❷ 一辆 12 米标准城市公交车氢气消耗量约 8 升 /100 公里。参看欧洲城市清洁的氢气（CHIC），2016 年。伦敦的氢气公交车和（CHIC）的项目。2018 年 5 月全能源展示。D. Wei. Sinohytec 在北京城市零排放交通论坛上发表的演讲，5 月 28 日。

公交车的电力消耗约为 1~1.5 千瓦时 / 公里。由此产生的氢气公交车的车轮到油井温室气体排放量远高于中国的柴油或天然气车辆，后者的输电网主要是依靠化石燃料。中国的 12 米燃料电池公交车从车轮到油井的温室气体排放量为 2800 克二氧化碳排放量 / 公里❶，而电动公交车为 800 克二氧化碳排放量 / 公里，化石燃料车辆为 1100~1200 克二氧化碳排放量 / 公里❷。因为氢动力公交车对中国的温室气体排放影响不利，而且在所调查的城市内缺乏这些车辆的实际运行经验，所以，氢动力公交车未被列入本报告。

图 2-1 显示了传统混合动力与电动公交车相比的系统图。

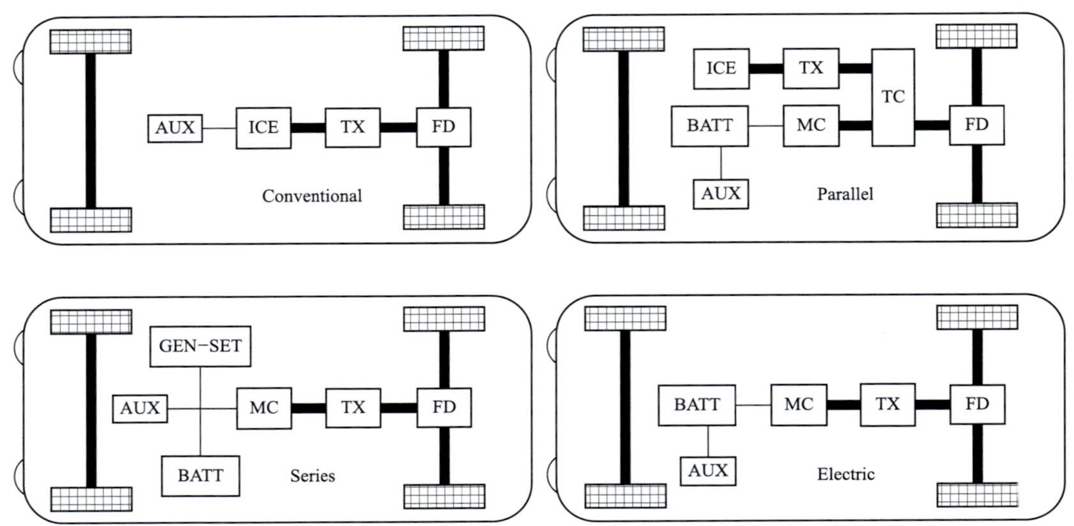

图 2-1 传统、混合动力和纯电动公交车的系统图

AUX = 辅助设备 ; BATT = 电池 ; FD = 最终驱动 ; GEN-SET = 发动机 – 发电机 ; ICE = 内燃机 ; MC = 电机 / 控制器 ; TC = 扭矩耦合器 ; TX = 传输；Conventional = 标准柴油公交车；Electric = 纯电动公交车；Parallel = 并联混合系统；Series = 串行混合系统

资料来源：A.Lajunen. 2012. 评估混合动力和电动城市公交车的电池要求。世界电动车杂志 Vol. 5。

2.2 混合动力和插电式混合动力公交车

混合动力车的类型包括串联和并联的混合动力车以及使用诸如飞轮之类的系统来恢复制动能量的“温和”混合动力车。混合动力车的燃油效率提升主要是由于可以在怠速期间关闭内燃机的再生制动，以及具有允许发动机更频繁地以接近峰值的效率运行的两个车载动力源。减少能源使用会导致温室气体排放和当地污染物成比例减少。在噪声污染方面，与柴油公交车相比，混合动力公交车离开公交车站时的噪声大约低 3 分贝。❸ 中国多

❶ 中国的平均电网系数为 0.7 $kgCO_{2e}/kWh$。

❷ 所有结果都基于油井到车轮来计算；详见第 2.3.2 章。

❸ 清洁车队 . 2014. 清洁公交车 – 燃料和技术的选择经验。 http://www.clean-fleets.eu/fileadmin/files/Clean_Buses_-_Experiences_with_Fuel_and_Technology_Options_2.1.pdf, p. 27；另见 M. Faltenbacher. 2011. 最终报告平台创新驱动公交（客户联邦运输，建筑和城市发展部）, p. 71。

个城市多年来一直经营柴油、压缩天然气、液化天然气和液化石油气[1]混合动力公交车，其中大部分车辆为 10~12 米的公交车。然而，8 米、14 米和 18 米的混合动力公交车也在街道上行驶。如图 2-2 所示。

插电式混合动力公交车比标准型混合动力公交车具有更大的电池，这些电池也可以通过外部电源充电。其关键应用是它们能够在部分时间内以全电动模式运行。公交车在电动模式下运行的距离取决于线路的特性、充电频率和能量系统配置。标准或传统混合动力公交车主要在超级电容器上运行，而插电式混合动力公交车则由电池供电。[2]

数千种型号各异、燃料类型多样的插电式混合动力公交车在中国运营。[3]运营商不再购买传统的混合动力公交车，只购买插电式混合动力公交车，因为只有后者才有资格获得补贴。这些插电式混合动力公交车基本上是 10~12 米，电池容量为 25 千瓦时。最近，一些城市已经采购了具有更大电池尺寸（40 千瓦时）的车型。中国的城市通常使用插电式混合动力公交车而不在电网上充电（有关影响的进一步讨论以及此操作模式的原因，请参阅以下章节）。

中国衡阳和郑州的 10 米、18 米和 14 米混合动力公交车

图 2-2　街道上行驶的混合动力公交车

资料来源：亚洲开发银行。

2.3　纯电动公交车

2.3.1　类型

电动汽车的核心部件是动力系统、电池组和充电系统。电池组显然是决定电动汽车行驶里程的关键部件。然而，充电系统和电池组有不同的组合，包括直接架空充电、择机快速充电、超快速充电、快慢结合充电以及电池更换。充电系统和电池组配置具有很大的技术和财务影响（见图 2-3）。

---

❶ 应用于中国广州。

❷ 电容器充当能量存储器，如电池。由于经典电容器是静电的，因而可以非常快速地释放电荷。电池依赖于化学过程，其转化得更慢（即，电池具有更高的能量密度，而电容器可以具有更高的功率密度）。

❸ 在中国境外，由数百辆公交车组成的大型混合动力公交车队在纽约、伦敦和波哥大运营。

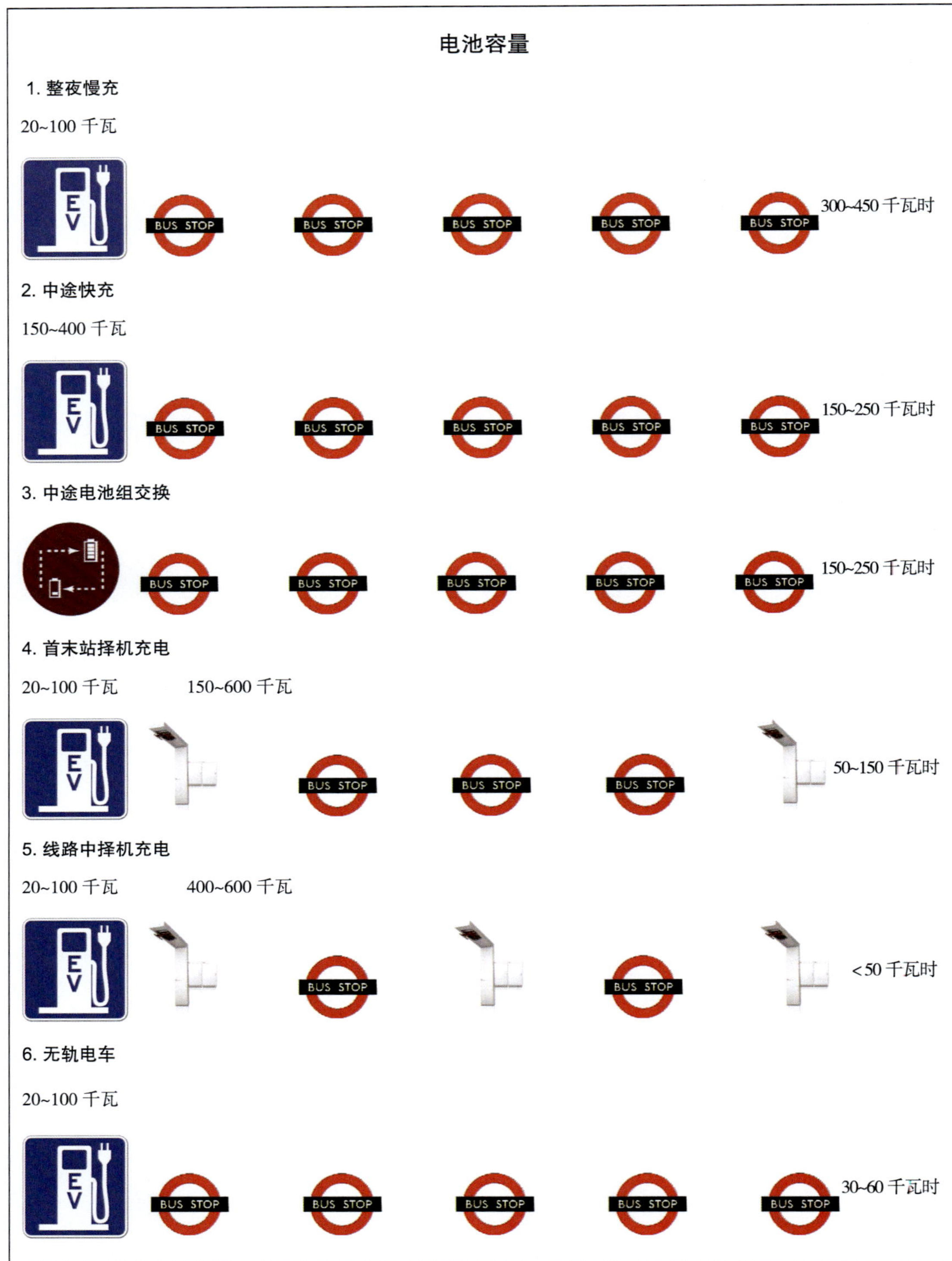

图 2-3 纯电动公交车的类型（标准 12 米公交车的电池容量）

资料来源：亚洲开发银行。

2.3.2　纯电动公交车

（1）纯电动公交车的特点

中国的城市运营了大量的多种品牌的纯电动公交车，许多城市在营运纯电动公交车之初，运营 6~8 米的小型纯电动公交车，然后过度发展到 10~12 米的车型。一些城市还运营双层纯电动公交车和 14 米纯电动公交车。 一般而言，中国的城市没有运营数量很少的公交车，至少都会用 50~100 辆车开始运营。图 2-4 所示为中国城市的电动公交车。

从销量来看，中国的纯电动公交车制造商主导着全球市场。按 2016 年[❶] 的销量计算，前五大制造商为：占中国市场份额 19% 的宇通、占 13% 的比亚迪、占 10% 的中通、南京金龙及珠海银龙。[❷] 城市经常从当地制造商处购买，因为省或城市补贴与当地制造商有关；此外，从当地购买对车辆的维修更简单、更快捷。

（顺时针方向左上角）：中国北京、济南、广州和天津的纯电动公交车

图 2-4　中国城市的纯电动公交车

资料来源：亚洲开发银行。

表 2-1 显示了中国主要城市使用的不同纯电动公交车的平均电池尺寸。由于公交车主要在较短的线路上运行，因此，电池容量种类繁多，且平均电池容量相对较低。一般而言，中国的公交运营商不会根据线路需求或成本优化公交车的电池容量。

中国纯电动公交车的平均电池容量　　表 2-1

公交车长度	6 米	8 米	10~12 米
电池容量	60~140 千瓦时，其中大多数为 60 千瓦时	90~240 千瓦时，其中大多数为 120 千瓦时	100~330 千瓦时，其中大多数为 210 千瓦时

资料来源：亚洲开发银行，根据中国城市数据。

---

❶　所有制造商的总产量约为 116000 台。

❷　Bloomberg 新能源财经，p. 6。

没有运营商最近报告过有关电池和过热等导致的重大安全问题。尽管在早年，一些纯电动公交车由于电池过热而着火，但现在这个问题很少发生，并且不像传统的化石燃料动力公交车那样频繁。电池过热导致损坏甚至火灾的情况显然仅限于少数情况。

（2）纯电动公交车的行驶范围

电动行驶里程是确定纯电动公交车规格时的重要标准。因此，将电池组除以平均电力消耗的简化计算会导致对行驶里程的预期产生误导，如图 2-5 所示。

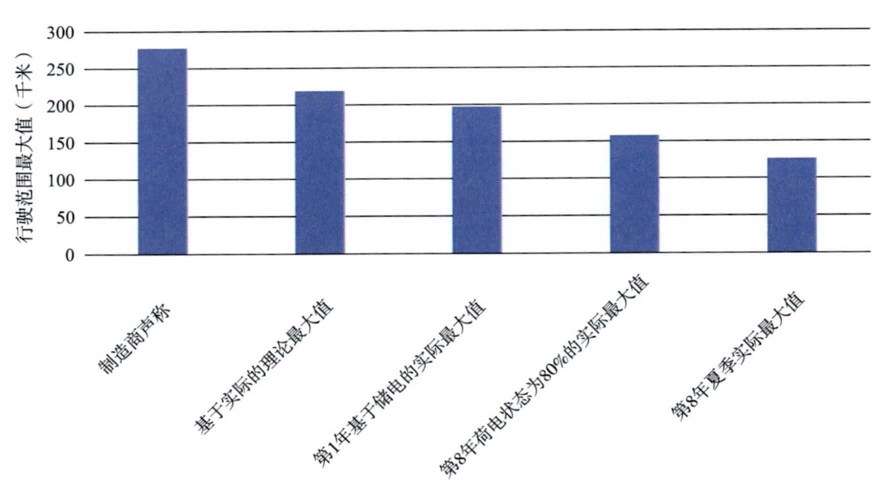

图 2-5 纯电动公交车的行驶范围

注：以 12 米纯电动公交车的平均用电量为 1.14 千瓦时、制造商声称的性能效率为 0.9 千瓦时 / 千米、夏季平均用电量额外增加 25%、第 8 年 80% 的电池荷电状态以及 10% 的最低储电率（出于操作安全原因）为依据，这里展示了 12 米纯电动公交车使用 250 千瓦时电池组的最大行驶里程。

资料来源：亚洲开发银行。

虽然制造商声称使用 250 千瓦时的电池组能行驶 280 公里，但实际运营范围通常在第 1 年仅为 200 公里（在夏季更少），而在夏季则可能在第 8 年降至 130 公里。这意味着公交车将无法按预期的里程在线路上运行，或者需要在白天更频繁地充电，这可能在操作上不可行。由于以下原因，实际行驶里程和声称的理论行驶里程可能相差 2 倍：

- 纯电动公交车的实际表现比制造商声称的要差；
- 所需的储电率至少为 10%，因为如果电池耗尽公交车就无法运行。此外，许多公交车都为驾驶员配备了低精度的荷电状态（SOC）指示器，这使得在低荷电状态下继续运行存在风险。
- 电池的荷电状态会随着时间的推移而下降。截至 2018 年，制造商通常保证在第 8 年的荷电状态为 80%（在第 8 年，即使车辆满载，电池也能够保持 80% 的原始能量）。
- 当开启空调制冷制热或极端驾驶条件（陡坡、高速）时，纯电动公交车的耗能会显著上升。使用空调与否的能量消耗差异可达 30%~40%。运营商希望在使用空调时提供（与不使用空调时相比）相同水平的服务，因此不能基于平均能耗水平来计算，而是基于夏季或冬季月份的最高预期水平进行计算。

因此，为了购买最合适的纯电动公交车，公交运营商必须确定每辆公交车的工作日平均里程数、夏季或冬季的能源使用量（包括储电率）以及 5~8 年内电池的较低荷电状态，然后计算电池组的最低需求量。在下一阶段，运营商可以决定公交车是否应该只在夜间充电或配备较小的电池组但保留中途快速充电环节。然而，中国的大多数城市没有实现能够确定纯电动公交车配置的系统程序，而是依赖于受补贴政策影响的公交车制造商的建议。结果是，在许多情况下，电池组太小的纯电动公交车需要更频繁地中途充电，导致潜在的运行中断，并且许多城市运行的纯电动公交车数量最终比同一线路上使用的常规车辆多 20% ~30%，以应对行驶里程下降的问题。

（3）充电设施

今天，大多数城市采用在夜间慢速充电与在白天一次或多次快速充电相结合的混合充电方式。自 2012 年以来，在包括北京、济南、天津和郑州的多个城市内建立了电池更换站（图 2-6）。不是给公交车中的电池充电，而是通过机器人移除电池，并在大约 10~20 分钟的过程中换用新的电池。电池更换站非常昂贵并且数量很少、公交车必须返回车场、系统不标准等原因导致运营商与某些公交车类型和制造商绑定，并且需要大量电池。[1] 因此，许多城市放弃了这种方法，转而采用投资和运营成本较低且灵活性更高的快速充电系统。

图 2-6　中国郑州市的电池更换站

资料来源：亚洲开发银行。

许多城市不仅在白天对纯电动公交车快速充电，而且在晚上也这样做，因为他们没有足够的空间在他们的车库充电；因此，他们在特殊充电设施中轮流为公交车充电。在夜间充电主要是由于夜间充电收费平均比非高峰时段低 50%，比高峰时段收费低 70%。充电站大多由第三方拥有和运营，并向公交运营商收取服务费。

通常，慢速充电桩的额定功率为 50~100 千瓦，快速充电桩的功率为 150~400 千瓦，大部分在 100~200 千瓦之间，公交车可在 15~30 分钟内完成充电。[2] 充电桩通常配有两个充电枪，用于同一辆或两辆不同的公交车（图 2-7）。此外，许多充电桩的输出功率是可变的，并且一些充电桩能自动识别正在充电的公交车并能够提供正确的功率水平。一般来说，公交车是人工充电的，不像在欧洲，一些运营商选择使用受电弓进行自动夜间充电，

[1] 公交车和电池更换站都需要电池。

[2] 大多数公交车在白天充电状态为 30%~40%时进入充电站，并且离站时的充电状态为 80%~90%。

从而节省了员工成本。此外，择机或线路终端感应充电或使用受电弓在欧洲很受欢迎，而这种系统在中国很少见。

图 2-7　中国天津市（左）和遵义市（右）纯电动公交车充电桩

资料来源：亚洲开发银行。

每个充电桩可充电的公交车数量有很多变化，具体取决于所使用的充电功率和公交车的电池容量。范围从每个充电桩为 1.5 辆公交车充电到每个充电桩为 10 辆公交车充电不等。然而，大多数城市公交车与充电桩的关系为大约每三辆公交车配一个充电桩。使用 400 千瓦充电桩而不是 100 千瓦可将充电时间缩短 4 倍，从而大大增加每个充电桩可充电的公交车数量。然而，由于充电站点仅能在充电期间用作停车位，因此，还需要进场地移动公交车。

2.3.3　择机充电系统

择机充电系统是一种特殊形式的、设置在线路的末端或沿线常规公交车站的快速或超快速充电系统。插电式混合动力公交车也可以像纯电动公交车一样使用这样的系统，公交车可以配备最少的电池或电容器。这种系统需要更多的基础设施投资，但因为需要的电池更少，公交车的资本支出反而在减少。它还解决了行驶里程的问题。然而，该系统降低了操作灵活性，因为公交车需要在装备好设备的线路上运行。择机充电系统尚未在中国广泛使用，在欧洲更受欢迎。对于乘客需求量大的线路，如快速公交（BRT）线路，特别是那些用大型公交车运营的线路，择机充电系统是一个很好的选择。

（1）线路末端择机充电

快速充电可以人工完成，也可以在线路末端使用通常功率在 150~400 千瓦的受电弓完成。基本上，使用受电弓而不是人工充电的原因是为了节省人员成本并简化操作。

自 2018 年初以来，上海已在 20 公里的快速公交（BRT）线路上运行择机充电系统，其中包括 25 辆 12 米和 10 辆 18 米的纯电动公交车，以及 4 个 350 千瓦的充电桩，并在线路的一端设有受电弓。12 米的公交车载有 110 千瓦时的电池，而 18 米的公交车载有 140 千瓦时的电池，这使得它们在线路末端再充电之前可以运行 2~3 个运行周期。与同一公司运营的相同尺寸的标准纯电动公交车相比，择机充电公交车具有的电池尺寸为标准电池尺寸的 1/3。

衡阳市在各种公交线路的起点安装了 6 台容量为 360 千瓦的快速充电桩，为 8~10 米的公交车提供服务。每个充电桩都有两个充电枪，可以在等待下次部署时同时为 12 辆公交车充电。充电由人工完成，充电桩在始发站前约 20 米。图 2-8 所示为中国衡阳市纯电动公交车线路末端充电站。

图 2-8 中国衡阳市纯电动公交车线路末端充电站

资料来源：亚洲开发银行。

（2）线路中择机充电

线路中择机充电系统在新乘客上车时，通过感应方式或通过受电弓在各个公交站为公交车充电。充电桩功率高达 600 千瓦，充电时间为 10~40 秒，可实现超快速高功率充电。系统使用 12 米和 18 米的公交车运行，有些装有超级电容器的公交车，行驶里程为 5~10 公里（即每隔两三站充电，例如宁波市的系统）。即使在高温下，超级电容器也可以接收高达一百万的电荷，从而使其寿命明显长于电池。

自 2010 年以来，上海已经运营了一个拥有约 200 辆 12 米长公交车的择机充电系统。如图 2-9 所示。虽然在大多数车站都可以充电，但通过实际观察，公交车基本上都在线路末端充电。中间站经常被汽车或人阻塞，并且装载乘客的停车时间通常少于 15 秒，因此，无法对公交车充电。由于上述问题，原始公交车只有超级电容器，并且存在操作上的问题；较新的公交车配备了超级电容器和电池，使他们在选择何时进行充电时具有更大的灵活性。

图 2-9 中国上海市纯电动公交车择机充电系统

资料来源：亚洲开发银行。

欧洲正在建立许多线路中择机充电系统，其中大型公交车（铰接式和双铰接式车型）在高频率线路上具有较高的乘客需求（例如日内瓦和南特）。

2.3.4 无轨电车

无轨电车在各个城市的运营型号分别为 12 米和 18 米。图 2-10 所示为北京和济南的

12 米无轨电车离开接触网，它们的运营范围有限；但运营范围可以通过无轨电车中的电池进行扩展。无轨电车通常具有 40~120 千瓦时的电池，允许 20~50 公里的没有接触网的自运行范围。

图 2-10　中国北京市和济南市 12 米无轨电车

资料来源：亚洲开发银行。

中国包括上海和济南在内的各个城市，正在建设新的无轨电车线路。无轨电车的优点是它们没有运营范围问题或陡坡问题，也不受非常寒冷或非常炎热的气候的影响。由于车载电池组较小，它们具有较长的使用寿命、较轻的质量和较大的乘客空间。此外，现代系统不需要沿整个线路进行架空布线，从而使系统更便宜且更灵活。然而，安装架空电线和所需电气系统的基础设施成本很高，其范围可能在 70 万 ~170 万美元 / 公里之间。

2.3.5　纯电动公交车的系统选择

最佳系统的选择取决于电力和充电需求的价格（包括夜间、高峰和非高峰费用之间的差异）、车辆和电池价格、充电基础设施的成本，以及线路特有的特征，包括每日里程、公交车大小、发车频率和乘客需求。但是，请注意以下有关部署纯电动公交车的一般性意见：

- 对于运行路线较长的以及中低乘客量需求并使用 12 米及更小型号公交车的线路，使用整夜充电和快速日充电的纯电动公交车是很好的解决方案。
- 择机充电和无轨电车系统是使用大型车辆且发车频率高的快速公交（BRT）线路的理想解决方案。在这样的线路上，大量公交车可以使用相同的基础设施，这使得这种方法成本更低。
- 由于其高成本和系统的不灵活性，不建议使用电池更换设备。

表 2-2 总结了不同充电技术的优缺点：

电动汽车的充电系统和电池组　　表 2-2

充电系统	优　点	缺　点
架空布线（无轨电车）	车上的电池数最少，从而减少了车辆重量、电池所需的空间和车辆成本。简单的电池管理系统	基础设施成本高，路线灵活性有限；由于使用高峰和非高峰的日间用电，电费可能会更高；对电网的功率要求高、需求费用高[a]

续上表

充电系统	优　点	缺　点
择机充电包括超快速充电	车上的电池数减少到最低，从而减少了车辆质量、电池所需的空间和车辆成本	基础设施成本高，路线灵活性有限；由于使用高峰和非高峰的日间用电，电费可能会更高；对电网的功率要求高、充电需求量大，但最终可以通过调整充电时间来避免这种情况[b]
快速充电	通过降低电池数量来增加车辆行驶里程，从而减轻车辆质量和成本	增加对充电桩的投资；因使用日间电力而产生较高的电力费用；潜在的高电力充电需求
慢速整夜充电	在充电上投资最小、管理简单以及使用低成本夜间用电	如果这是唯一使用的充电方法，那么车辆将需要大的电池组以具有足够的行驶里程，使得车辆昂贵且笨重
电池交换	如果附近有足够的电池更换站，则总线上的电池要求更少	需要昂贵的基础设施和更多的电池；电池交换系统与汽车品牌紧密相关，所以灵活性有限

注：[a] 这里的需求费用是在每月结算周期内的任何 15~30 分钟的间隔里提取的以千瓦为单位的电力，按最高费率计算的费用。这对于实际以千瓦时为单位的能量消耗量来进行充电计费的方式而言，是完全不同的。

[b] 场内电池可以使用直流电充电和放电，并通过大型逆变器连接到电网。然后，当成本较低时，他们可以从电网充电，存储电力，并在需求较高时释放电力。通过这种方式，他们还可以平衡电网上的电力需求并减少需求费用。

资料来源：亚洲开发银行。

2.3.6　低碳公交技术比较综述

表 2-3 列出了低碳公交车技术的主要优点和缺点。

低碳公交技术比较　表 2-3

低碳公交技术类型	优　点	缺　点	用　途
混合动力公交车	经过验证的高可靠性技术；增量成本低；节能 20%，排放量更低	环境效益有限；一辆车上有两种牵引技术	完全电气化的中间技术，特别适用于大型公交车和非常长的线路
插电式混合动力公交车	如果充电，电动行驶里程可高达总里程的 60%，从而带来显著的环境效益	充电操作复杂；公交车的增量成本高；在实践中，与混合动力公交车相比，优势很有限	一般不推荐，因为它具有有限的环境收益和高增量成本
整夜充电的纯电动公交车	操作简单；可靠性好；环境效益显著；电费低	增量总成本大；对于长度超过 12 米的公交车和在长途线路上运行的公交车需要非常大的电池组	最长 12 米的公交车在短途和标准线路上运营

续上表

低碳公交技术类型	优　点	缺　点	用　途
整夜及白天快充的纯电动公交车	可靠性好；环境效益显著；与纯整夜充电的纯电动公交车相比，增量成本更低	与仅夜间充电相比，操作更复杂；与纯过夜充电的纯电动公交车相比，电费更高	最长12米的公交车在短途和标准线路上运营
择机充电的纯电动公交车	自动充电；选择使用非常大的公交车和非常小的电池组；与纯电动公交车相比，公交车的投资成本更低	系统经验有限；充电基础设施的投资成本较高；电价高于整夜充电的纯电动公交车	12米及以上的公交车在乘客需求和频率较高的线路上运营
无轨电车	经验证的可靠系统；与纯电动公交车相比，公交车的投资成本更低	有些系统没有自动快速地将公交车连接到架空电线，导致了其复杂性；基础设施成本高	12米及以上的公交车在客运需求和频率较高的线路二运营

资料来源：亚洲开发银行。

第 3 章　低碳公交车的环保性能

3.1　简介

本报告中考虑的排放基本上是尾气排放（直接排放或油箱到车轮排放）和与能源使用相关的间接排放（油井到油箱排放）。间接排放包括黑碳碳排放。下面简要讨论由公交车及其部件（包括电池）的制造以及非燃烧相关的排放引起的上下游排放。

（1）车辆和部件调研

电池生产引起的温室气体（GHG）排放的估计差异很大，其值从56千克二氧化碳排放量/千瓦时到494千克二氧化碳排放量/千瓦时不等，平均为110千克二氧化碳排放量/千瓦时。[1]因此，具有210千瓦时的电池组的纯电动公交车将产生大约48克二氧化碳排放量/公里的额外间接排放。因为电池可在公交车上的使用寿命终止后用于其他固定应用，并且纯电动公交车含有的振动和运动部件较少，导致其技术寿命比化石燃料公交车更长，所以电池生产引起的温室气体排放在比较纯电动公交车和柴油公交车对环境影响时的权重在下降。图3-1比较了柴油公交车和纯电动公交车的生命周期内排放量，清楚地表明虽然电池和车辆生产的相关排放很重要，但它们远低于运行的排放。因此，电气车辆明显具有比柴油机车辆更低的总生命周期内排放量。

（2）当地污染物的非燃烧排放

公交车不仅产生燃烧排放物，而且还产生由制动、轮胎和颗粒再悬浮造成的颗粒物质（PM）排放。例如，2007 年在瑞士苏黎世对 PM_{10} 的测量表明，城市地区重型车辆的 PM 排放量中，与制动相关的占 16%，与再悬浮相关的占 53%，与燃烧相关的仅占 31%。[2]在城市环境中，运输研究实验室（TRL），[3]加州环境保护局空气资源委员会[4]和欧洲环境

---

❶　国际清洁交通理事会 . 2018 年 . 电池制造对电动汽车生命周期温室气体排放的影响。https://www.theicct.org/publications/EV-battery-manufacturing-emissions

❷　联邦环境局 . 2009 年 . PM–10 交通阻塞的排放因子 (APART); http://www.transport–research.info/sites/default/files/project/documents/20150710_141622_66365_priloha_radek_1052.pdf

❸　运输研究实验室 . 2014 年 . 道路交通非废气微粒排放简报。 http://www.lowemissionstrategies.org/downloads/Jan15/Non_Exhaust_Particles11.pdf

❹　加州环境保护局空气资源委员会 (CARB). 2015. EMFAC 2014 Volume Ⅲ—Technical Documentation. https://www.

署（EEA）❶的测量均预计：符合欧洲排放标准欧标 IV、V 或 VI 的重型车辆制动和轮胎造成的 $PM_{2.5}$ 排放，高于燃烧产生的排放。但是，没有数据可以用来比较低碳公交车与传统公交车的非燃烧排放。据推测，低碳公交车由于使用再生制动而具有较低的制动磨损排放，但具有较高的基于轮胎的排放（尤其是纯电动公交车具有较高的轮胎使用强度），并且由于车辆重量增加而可能具有稍高的再悬浮排放水平。根据以上分析，由于制动磨损排放占主导地位，因此可以预计低碳公交车具有较低的非燃烧排放。

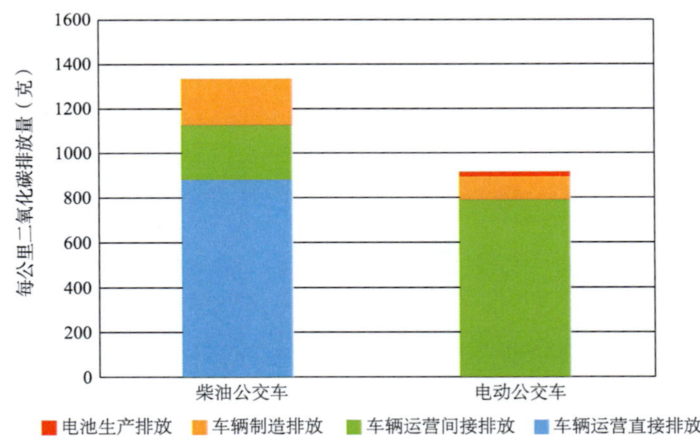

图 3-1　柴油公交车与纯电动公交车的生命周期内排放量（对于中国的标准 12 米城市公交车）

注：柴油公交车 33 升 / 百公里，国标 V；纯电动公交车 1.14 千瓦时 / 公里；网格系数 0.69 千克二氧化碳 / 千瓦时；每年 60000 公里；间接排放也包括黑碳；柴油机的使用寿命为 8 年，纯电动公交车为 16 年；电池寿命为 8 年；固定应用中的电池使用量另有 8 年；汽车制造 100 吨二氧化碳排放量基于 Ecoinvent 和 Mobitool 数据库；电池制造 0.23 克二氧化碳排放量 / 千瓦时；电池容量 210 千瓦时。

资料来源：亚洲开发银行。

3.2　低碳公交车的能源使用情况

2016年全年所有城市的每辆公交车的能源使用量均已记录。所有公交车均使用空调，在一些城市，冬季使用暖气。表3-1显示了不同公交尺寸和燃料类型的中值消耗值。这些数字基于至少500辆公交车及其使用的每种车辆尺寸和车辆技术。

---

arb.ca.gov/msei/downloads/emfac2014/emfac2014-vol3-technical-documentation-052015.pdf

❶ EMEP/EEA. 2016. 克林尼尔排放清单指南。
https://www.eea.europa.eu/publications/emep-eea-guidebook-2016

2016 年公交车的能源使用情况　　表 3-1

公交车技术	单　位	公交车长度					
		6 米	8 米	10 米	12 米	14 米	18 米
柴油	升 / 百公里	15	23	32	33	45	49
天然气 *	千克 / 百公里	17	24	28	28	41	46
无轨电车	千瓦时 / 公里	n.a.	n.a.	n.a.	1.26	n.a.	n.a.
纯电动公交车	千瓦时 / 公里	0.56	0.65	0.80	1.14	n.a.	n.a.

注：n.a. = 不适用，即，在所研究的城市中没有这种规模和技术的车辆。
　　* 包括压缩天然气和液化天然气公交车。
资料来源：亚洲开发银行根据中国城市公交运营商的数据。

平均油耗数据最低与最高的城市之间的数据差距约为 1.5 倍。图 3-2 显示了标准 10~12 米公交车（中国最常用的公交车尺寸类型）不同燃料类型的能源使用的情况，单位为兆焦。 天然气公交车比柴油公交车使用的能源多 17%。化石燃料公交车使用的能源是纯电动公交车的四倍，这清楚地显示了电力牵引的效率。

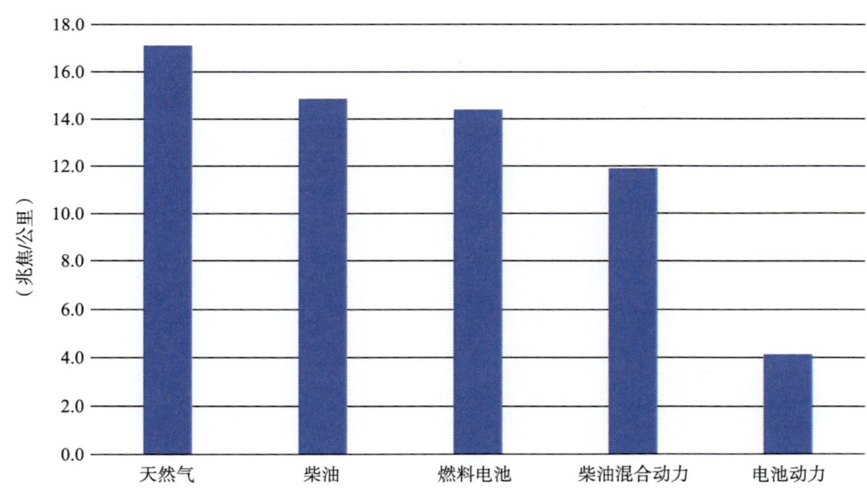

图 3-2　2016 年城市 10~12 米标准公交车的能源使用情况

注：燃料消耗值基于中国城市的平均消耗值。
资料来源：亚洲开发银行。

图 3-3 显示了使用混合动力公交车所节省的能源。比较基础是混合动力公交车与同尺寸并具有相同燃料的非混合动力型公交车相对比（柴油混合动力车与柴油公交车相比较，压缩天然气混合动力车与压缩天然气公交车进行比较等），并在相似的路线上运营。平均而言，中国城市能够达到 17% 的燃料节省率——数值从 4%~30% 不等。混合燃料类型（柴油混合动力、压缩天然气混合动力、液化天然气混合动力和液化石油气混合动力）之间的节省率没有差别。

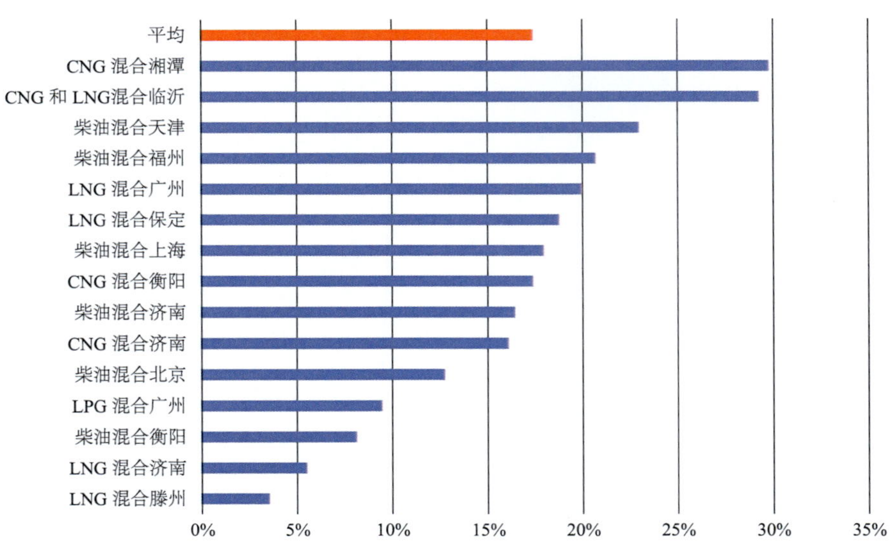

图 3-3 混合动力公交车的节能情况

CNG = 压缩天然气；LNG = 液化天然气；LPG = 液化石油气

注：相同尺寸的混合动力公交车的比较，相同燃料的常规公交车在同一城市的可比线路上运行；在至少 12 个月的时间内，每个城市最少 100 辆混合动力车的车队规模。

资料来源：亚洲开发银行。

其他城市的混合动力公交车的测量结果显示，瑞士城市和哥伦比亚波哥大的平均节省率略高，平均节省 20% ~25%，而使用双层车的伦敦则节能 35% ~40%。[1]

中国的城市大量使用插电式混合动力车。与插电式公交车不同，标准混合动力公交车不再受到补贴，这意味着插电式公交车比标准型混合动力公交车便宜。然而，没有城市定期对插电式混合动力公交车充电，即它们以与传统混合动力车型相同的方式使用，因此也没有额外的节省。运营商给出的原因是插电式混合动力公交车的电池尺寸很小（一般来说，10~12 米公交车的电池容量为 25 千瓦时），导致公交车到达车库时电池通常是半满的（由于制动带来的能量回收），充电操作复杂且缺乏充电桩。

混合动力公交车和纯电动公交车的能耗对坡度、高负荷以及需要冷却或加热的极端高温或低温十分敏感。夏季的电力消耗比中等温度月份高 50%（见图 3-4 和图 3-5），这会影响纯电动公交车的运行范围。

[1] 根据中国公交运营商的数据。

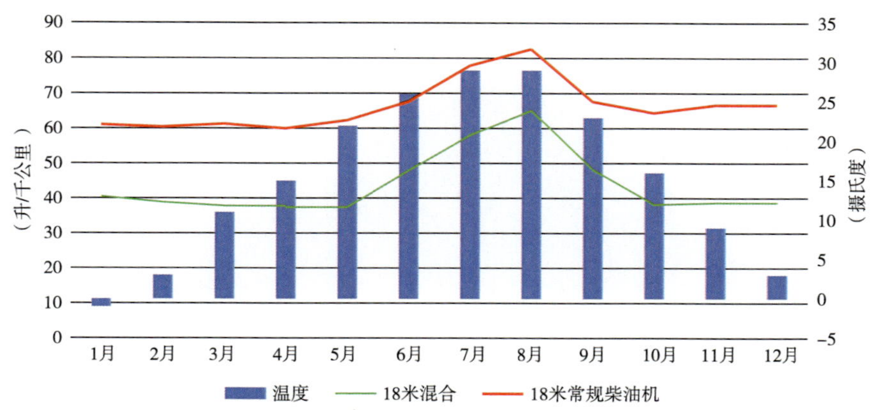

图 3-4　环境温度对纯柴油和柴油混合动力公交车燃料使用的影响

注：根据中国郑州市的环境温度。
资料来源：亚洲开发银行。

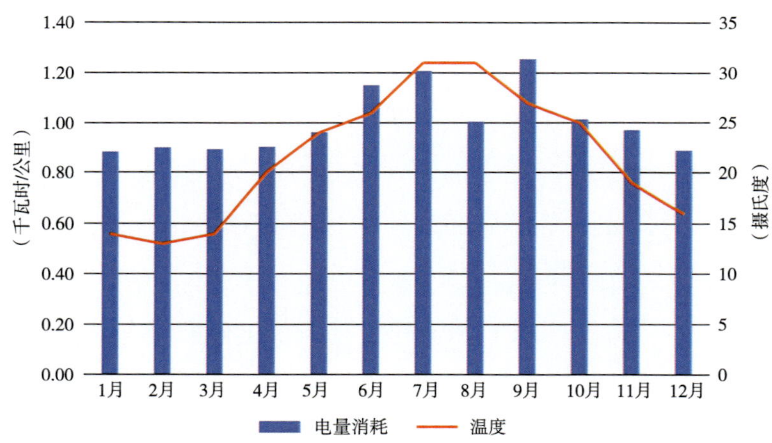

图 3-5　环境温度对纯电动公交车耗电量的影响

注：基于中国福州市的环境温度。
资料来源：亚洲开发银行。

3.3　低碳公交车的全球变暖影响

3.3.1　直接温室气体排放

直接或油箱到车轮 (TTW) 的温室气体排放只包括与燃烧有关的废气排放。因此，电力车辆的排放量为零。公交车内的甲烷泄漏也包括天然气动力公交车的直接排放。图 3-6 比较了中国城市公交车的平均油箱到车轮温室气体排放。

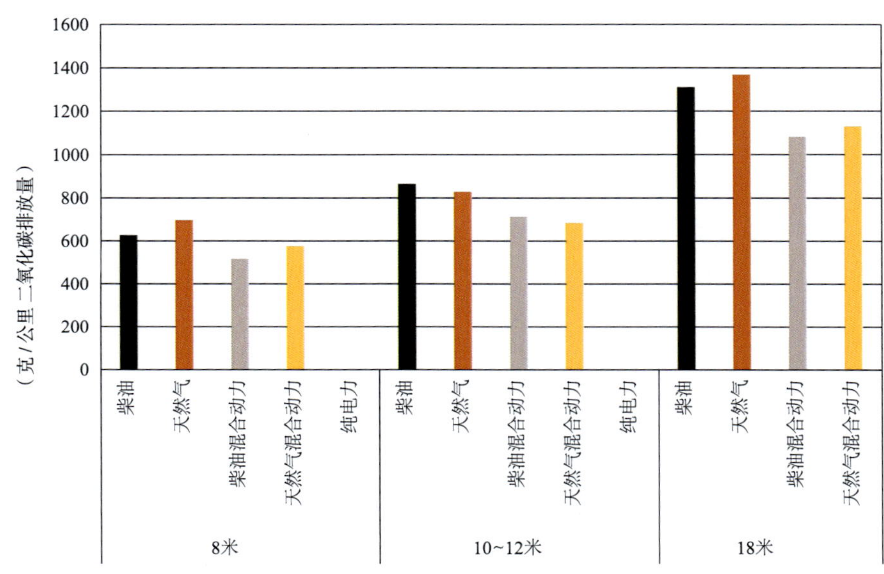

图 3-6 2016 年城市公交车的平均油箱到车轮温室气体排放量

注：被调查的城市没有 18 米的纯电动公交车。

资料来源：亚洲开发银行基于中华人民共和国城市运营商的数据。

燃气和柴油公交车从油箱到车轮的排放量相当。混合动力机车从油箱到车轮的排放量温室气体排放量比传统车低 20% 左右。纯电动公交车从油箱到车轮的排放为零。

3.3.2 直接和间接温室气体排放

间接或油井到油箱 (WTT) 排放是由于燃料提取、化石燃料的精炼和运输、电力生产以及输配电损失造成的。还包括上游甲烷泄漏和基于国标 V 的平均车辆排放标准的黑碳排放。电网的碳排放系数是根据净能源生产（总生产减去能源损失）和发电总温室气体排放计算出来的。中国使用的电网平均系数为 0.69 $kgCO_{2e}$/kWh。[1] 图 3-7 比较了中国城市公交车油井到车轮 (WTW) 温室气体排放量。

[1] 全球环境研究所 . 2018 年 . 全球环境战略研究所电网排放因子清单 . 根据国家发改委 2015 年提供的数据，由全球环境战略研究所（IGES）进行 2013 年的计算 . https://pub.iges.or.jp/pub/list-grid-emission-factor.

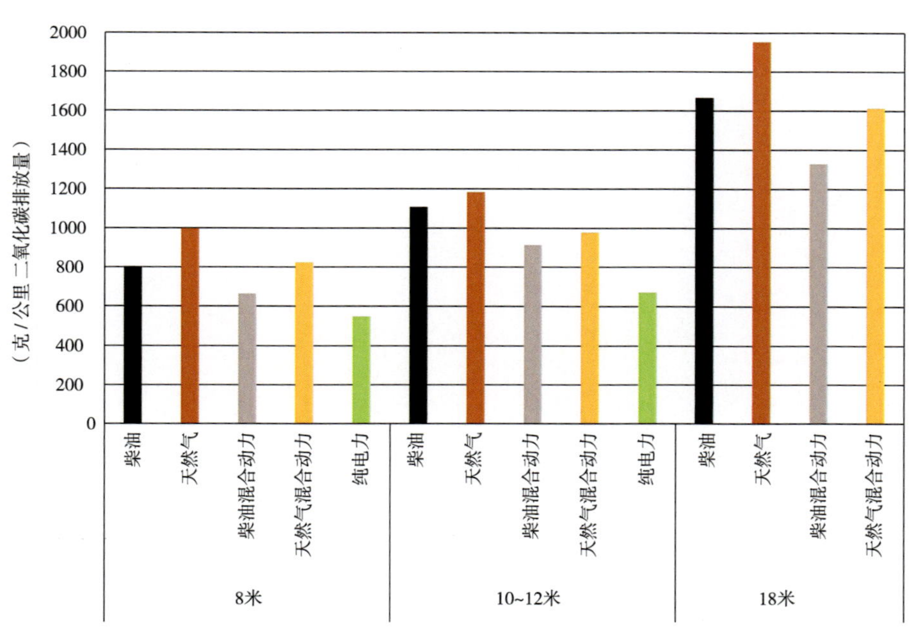

图 3-7　2016 年城市公交车油井到车轮的平均温室气体排放量

注：被调查的城市没有 18 米的纯电动公交车。

资料来源：亚洲开发银行基于中华人民共和国城市运营商的数据。

表 3-2 按从油箱到车轮和从油井到车轮分为两类，以吨二氧化碳当量为单位，以中国不同尺寸类别的公交车的平均行驶距离为基础，显示了不同尺寸和技术的公交车的年平均温室气体排放量。

每辆公交车的年平均温室气体排放量（吨二氧化碳排放量）　表 3-2

公交车尺寸	公交车技术	TTW 温室气体排放	WTW 温室气体排放
8 米	柴油	28	35
	天然气	31	44
	柴油混合动力	23	29
	天然气混合动力	25	36
	电动	0	24
10~12 米	柴油	48	62
	天然气	46	66
	柴油混合动力	40	51
	天然气混合动力	38	55
	电动	0	38

续上表

公交车尺寸	公交车技术	TTW 温室气体排放	WTW 温室气体排放
18 米	柴油	80	102
	天然气	83	119
	柴油混合动力	66	81
	天然气混合动力	69	98

tCO_{2e} = 吨二氧化碳当量；TTW = 油箱到车轮；WTW = 油井到车轮。

注：根据 8 米公交车每年行驶里程 44000 公里，10~12 米公交车每年行驶里程 56000 公里，18 米公交车每年行驶里程 61000 公里

资料来源：亚洲开发银行根据中华人民共和国城市运营商的数据。

与化石燃料车型相比，即使包括间接排放，纯电动公交车仍能减少约 30%~40% 的温室气体排放。为了进一步减少中国公交车的温室气体排放，电网绿化势在必行。纯电动公交车对温室气体的影响在很大程度上取决于电网。即使电网是碳密集型的，纯电动公交车也将减少大多数电网的温室气体排放，但电网越环保，对温室气体排放的影响也就越大。不丹、尼泊尔或老挝等拥有零排放电网的国家的纯电动公交车零排放。

3.3.3 温室气体排放对中华人民共和国城市的影响

2016 年，在中国城市抽样监测了低碳公交车的使用对温室气体的影响。通过使用低碳公交车，城市的温室气体排放量平均可减少 8%（油井到车轮）至 12%（油箱到车轮），其中保定市减少温室气体排放量的比例最高（见图 3-8)。

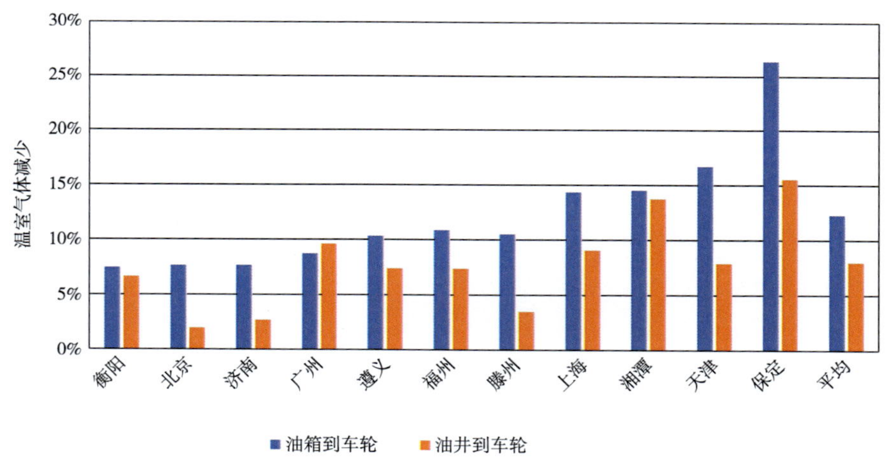

图 3-8　2016 年低碳公交车的部署导致的温室气体排放量减少百分比

资料来源：亚洲开发银行。

8%~12% 的温室气体减排效果明显低于低碳公交车的比例，原因是低碳公交车的行驶里程低于平均水平，而且平均而言，载客量更小的车型运输的乘客数量更低。虽然中国

城市低碳公交车的平均份额为总公交车的 40%，但占公交车总行驶距离的比例仅为 28%（因为低碳公交车用于较短的路线），温室气体减排仅占 8%（由于间接排放，混合动力车的温室气体减少量很有限，并使用小于平均尺寸的低碳公交车）。即使有 100% 的纯电动公交车队，如果电网无法更加环保，温室气体排放也只会减少 30% 左右。

3.4　低碳公交车对当地环境的影响

中国大部分城市都使用燃气公交车。一般而言，柴油及气体车型均符合国标 IV 或 V 的排放标准（即 $PM_{2.5}$ 和氮氧化物的排放量已经很低了）。图 3-9 对比了一辆标准的 12 米城市公交车与排放标准相关的尾气排放量。

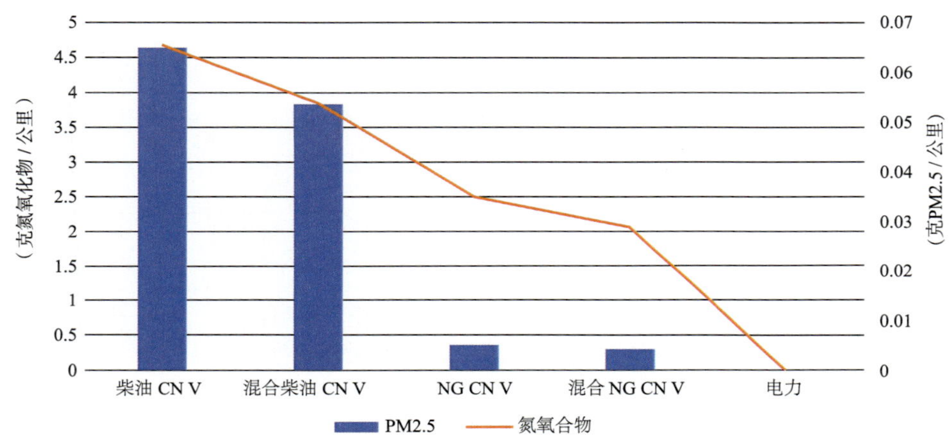

图 3-9　城市标准公交车的排放量

CN V = 中国国家排放标准 V; gCO_{2e} = 克二氧化碳当量；km = 公里；NG = 天然气；NO_x = 氮氧化物；PM = 颗粒物。

注：NO_x 为左侧刻度，橙色曲线；$PM_{2.5}$ 排放为右侧刻度和蓝色柱状图。

资料来源：亚洲开发银行。

使用天然气公交车已经大大减少了氮氧化物和 $PM_{2.5}$ 的排放。虽然纯电动公交车在这方面表现更好，但与购买新的柴油、燃气和纯电动公交车相比，其绝对影响并没有那么大。然而，现有车队仍主要由国标Ⅳ和部分国标Ⅲ车型组成，与现有车队相比，纯电动公交车的影响仍然是重要的。在被监测研究的中国城市中，当地污染减少的量化和货币化数值与公交车对温室气体的影响相比同样重要。[1]

在噪声排放方面，混合动力公交车的噪音比柴油公交车低大约 3 分贝。[2] 纯电动公交

❶　国际货币基金组织 . 2014 年 . 中国用于每吨污染物的经济成本。

❷　清洁车队 . 2014. 清洁公交 – 燃料和技术选择的经验 . http://www.clean-fleets.eu/fileadmin/files/Clean_Buses_-_Experiences_with_Fuel_and_Technology_Options_2.1.pdf or Faltenbacher M. et. al. 2011. Abschlussbericht Plattform Innovative Antriebe Bus (Auftraggeber Bundesministerium f ü r Verkehr, Bau und Stadtentwicklung). https://www.tib.eu/de/suchen/id/TIBKAT%3A68402764X/Plattform-Innovative-Antriebe-Bus-Abschlussbericht/

车的噪声可减少约 10 分贝。[1] 噪声对健康和经济的影响是显著的。[2]

3.5 环境方面的总结

混合动力公交车将能耗和排放降低了约 20%，理论上，插电式混合动力车可以进一步降低排放。然而在实践中，中国城市的经验是，由于操作复杂性和公交车上使用的电池组太小，插电式混合动力车不会在电网中充电。因此，插电式混合动力车的环境影响与标准混合动力公交车相同。

纯电动公交车对温室气体的影响在很大程度上取决于电网，即可再生能源发电的比例。即使在以化石燃料为主的电网中，甚至考虑到整个循环寿命的排放量，纯电动公交车仍将减少温室气体排放；然而，当电力主要由可再生能源产生时，环境影响要大得多。因此，绿化电网是兑现纯电动公交车温室气体方面的潜力的当务之急。

当地的环境影响十分重要，包括空气污染和纯电动公交车的噪声影响。然而，由于化石燃料公交车严格的排放标准也导致包括氮氧化物和颗粒物在内的空气污染物的排放量非常低，污染对当地环境的影响正在减弱。因此，在汽车排放标准为欧标 IV 或更低的国家和城市，纯电动公交车将对改善空气质量做出重要的基础性贡献，但对其他国家的空气质量改善来说，这种贡献将不是决定性的。

---

❶ ABB, TOSA: 城市交通的零排放替代方案 . http://new.abb.com/future/de/tosa; 德国欧标 VI 柴油公交车与电动公交车的比较测量显示，从公交车站出发时的差异为 16 分贝，公交车通过时的差异为 8 分贝。http://news.emove360.com/public-comparison-e-bus-much-quieter/?lang=e.

❷ See e.g. VTPI. 2017. 运输成本和效益分析 II- 噪声成本 . https://www.vtpi.org/tca/tca0511.pdf

第 4 章　低碳公交车的财务状况

4.1　公交车和基础设施投资成本

表 4-1 概述了中国城市低碳公交车与同等规模（不含补贴的总成本）的传统公交车的资本支出情况 (CAPEX)。

低碳公交车与传统公交车的资本支出（单位：美元）　　表 4-1

公交车技术	8 米公交车	10~12 米公交车
柴油	59000	94000
天然气	63000	102000
柴油插电混合动力	n.a.	136000
天然气插电混合动力	n.a.	138000
纯电动公交车	114000	250000

n.a. = 不适用

注：柴油及天然气公交车为国标 V；插电式混合动力车使用 25 千瓦时电池。

资料来源：亚洲开发银行。根据中华人民共和国的城市平均数值。

本文没有涵盖14米或18米公交车的数据，是因为使用这种长度的公交车的城市很少，而且数量非常有限。与同等尺寸、相同燃料的传统汽车相比，插电式混合动力车的增量成本平均为40%。与传统的化石燃料相比，纯电动公交车的成本增加了2~2.5倍。同样尺寸、技术和燃料的公交车在不同城市之间的成本因购买数量、品牌和公交车规格(例如空调、矮踏步入口等)等原因而有2倍的差异。

由国家、省和市政府支付的低碳公交车补贴导致低碳公交车的购买价格低于传统的化石燃料车型。此外，低碳公交车的运营成本较低，这对中国的公交运营商来说非常有投资吸引力。图 4-1 显示了相同大小公交车的混合动力和纯电动公交车版本的完整价格和实际价格。

大多数制造商保证他们的电池在荷电状态最低为80%[1]的前提下可以使用8年。中国的公交车通常在8年后更换(即电池更换和公交车更换是一致的)。然而，纯电动公交车的技术

[1] 在一些城市，70%。

寿命比传统公交车要长，与化石燃料车型相比，它们的零部件更少，震动更小，所以其使用寿命可能也要长得多，它们可以在15~20年内无任何问题地操作，[1]这也将提高资源效率并减少循环寿命内的温室气体排放。使用16年电动公交车需要在第8年更换电池，截至2018年4月，公交车电池的单价为每千瓦时350美元。据估计，在接下来的几年里，电池价格每年会下降10%~15%。[2]因此，在8年后更换一个250千瓦时的电池，大约只需要投资3万美元。

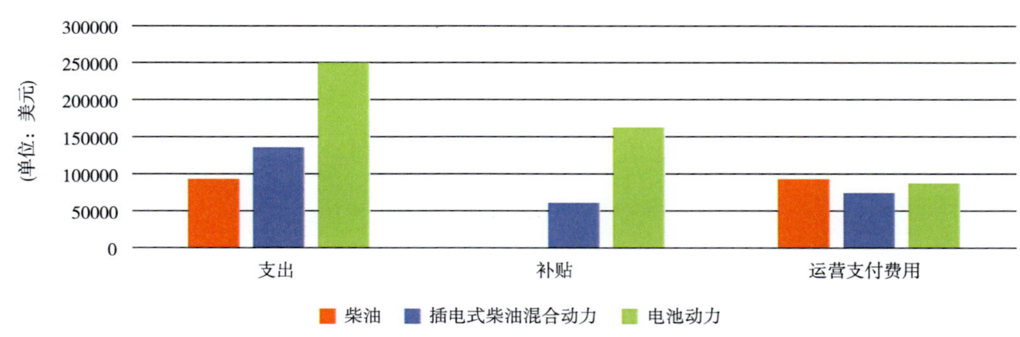

图 4-1　有无补贴的公交车资本支出的比较

注 :12 米标准公交车，带空调，单踏步入口；柴油版排放标准为国标 V。
资料来源：亚洲开发银行。

充电桩的平均成本是每个充电桩 150 美元 / 千瓦，外加 150 美元 / 千瓦的配套电气设备（包括变压器、电网连接和施工），充电桩的使用寿命是 20 年。尽管一些运输运营商也投资了自己的基础设施，中国的大部分充电系统依然是由第三方提供资金和运营的。通常情况下，按电力公司的收费标准，为充电基础设施提供资金及为充电桩提供服务的服务费用约为每千瓦时 0.07~0.10 美元。这相当于运营商支付总电费的 50% 左右。

4.2　运营成本

公交车的运营支出基本包括能源和维养费用。在中国，不同的公交技术在保险和税收成本上没有区别，因为无论使用哪种技术，公交运营商的成本都是一样的。不考虑运营支出成本，如公交司机、调度等，因为它们与公交技术无关。

（1）能源成本

图 4-2 比较了不同公交技术每公里的平均能源成本。平均而言，纯电动公交车的能源成本约为柴油车型的 50%。这包括了电费和服务费（即充电桩的投资、维护和运行）。

[1] 瑞士等其他国家平均可使用一辆无轨电车 20 年。

[2] 基于美国能源部的预测，基于彭博新能源财务的研究，全电池咨询公司；清洁能源制造分析中心和 Roland Berger；见美国能源部。汽车用锂离子电池的成本和价格指标。
https://energy.gov/sites/prod/files/2017/02/f34/67089%20EERE%20LIB%20cost%20vs%20price%20metrics%20r9.pdf

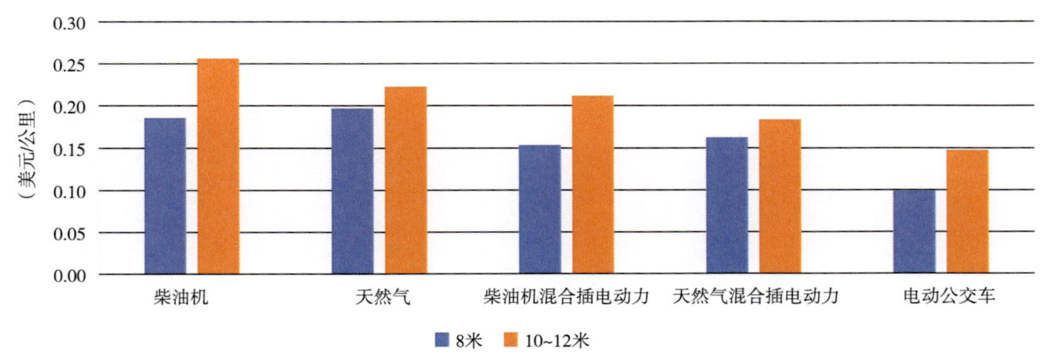

图 4-2　城市公交车的能源成本

注：平均能源价格为柴油 0.85 美元 / 升；天然气 0.80 美元 / 公斤；电费 0.15 美元 / 千瓦时。
资料来源：亚洲开发银行，以中国的城市平均值为基础。

绝对能源节约取决于每辆车行驶距离、年平均里程和公交车商业寿命的节省。中国的城市目前并没有将不同的公交技术区分为不同的商业寿命（即化石燃料公交车的使用年限与低碳公交车依然相同）。就公交车里程而言，混合动力公交车的行驶路线与传统公交车大致相同，且里程相近。纯电动公交车目前部署在较短的线路上（见图 4-3)。

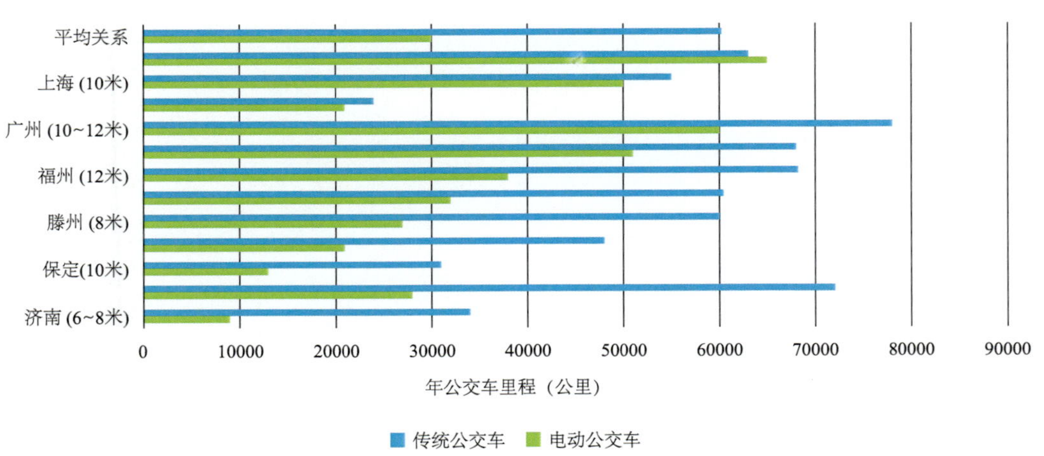

图 4-3　纯电动公交车与传统公交车的年公交里程对比

资料来源：亚洲开发银行。

平均而言，纯电动公交车的平均里程是同等尺寸的传统公交车的 50%。然而，随着在与传统公交车行驶的相类似路线上部署日更多的纯电动公交车，这种情况正在改变。

（2）维修养护成本

混合动力车和插电式混合动力车的维养成本与传统车型相当。对于混合动力车，运营商可以享受到较低的维护成本（如过滤器和机油）和较低的制动系统成本（由于再生制动系统），但会有由电力系统（具有昂贵的部件）带来的额外成本。

在所有城市，公交车制造商都对纯电动公交车的电气部件（包括电池和电池管理系统）进行维修养护，公交运营商只进行一般和日常维护。纯电动公交车的一般维修养护成本较低，因为它的部件更少，没有机油和发动机滤清器交换，而且制动垫的损耗量更低，但轮胎损耗量增加，员工和备件成本也更高。电气部分的维修养护因需要不同的、训练有素的员工，所以费用更高。纯电动公交车比传统车型多消耗 20% 左右的轮胎，轮胎损耗量的增加是由于纯电动公交车重量的增加以及与再生制动系统相关的剧烈加速和制动。轮胎是一个非常重要的成本因素，通常占总维修养护费用的 40% 左右，而机油、润滑油和一般维修养护费用占 60% 左右。与相同服役时间和尺寸的公交车相比，纯电动公交车的总维修养护费用大约为 70%~90%，包括轮胎费用。

（3）总体拥有成本

本研究以平均资本支出和年度能源和维养成本为基础，计算了不同技术公交车的平均总体拥有成本。该计算是针对中国大多数城市的 8 年公交商业使用标准进行的，没有考虑到燃油价格的上涨。根据计算，总体拥有成本只包括在运营支出下的能源和包括轮胎在内的维养费用。其他运营成本（如停车位、司机、高架电线、公交调度、公交清洁、保险、税收、公交维修和车身作业）不包括在内，因为它们对于所有技术类型都是类似的。图 4-4 比较了不同公交技术下的总体拥有成本。

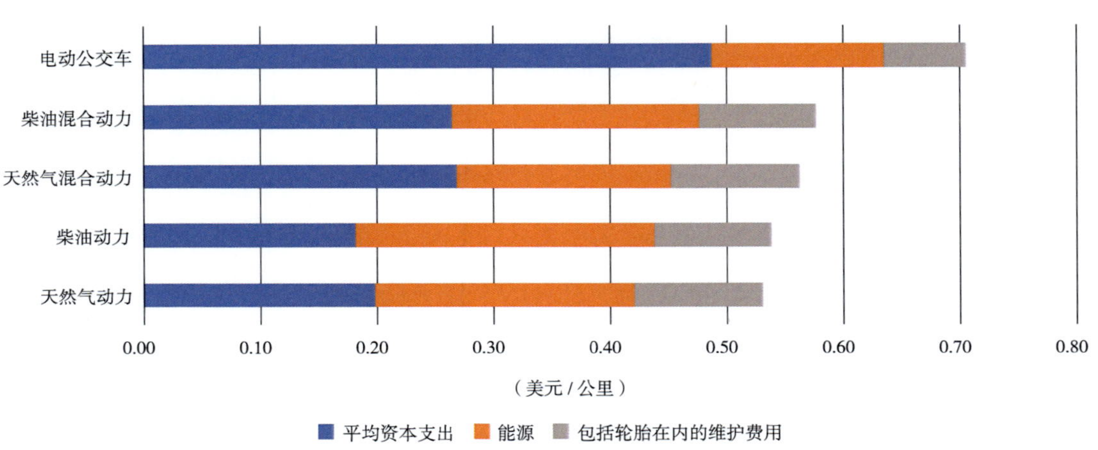

图 4-4　不同公交技术的总体拥有成本

资料来源：亚洲开发银行，基于中国城市的平均资本支出和运营成本。

常规和混合动力车都在总体拥有成本的可比较范围内，混合动力车辆比相同燃料的常规车辆贵 5%~7%。使用混合动力车而不是插电式混合动力车的资本支出中，混合动力车的总体拥有成本将低于传统车型。如前文所述，插电式混合动力车在中国一般是不充电的，因此与标准混合动力车有相同的节能效果，而 10~12 米车的成本要高出约 2 万美元。

即使假设它们的平均里程与传统公交车相同，纯电动公交车仍然比传统公交车高出 30% 左右的总体拥有成本。在中国，需要补贴来平衡纯电动公交车和传统公交车之间的成本差距。对于其他国家，纯电动公交车和传统公交车之间的总体拥有成本差距可能更小或更大。影响电动车与传统车相对盈利能力的主要参数因国家而异：

- 能源价格，包括柴油或天然气价格和电价：化石燃料价格的上涨使纯电动公交车更具吸引力；

- 公交车的报废里程：在中国的城市，公交车平均使用里程仅为60万~70万公里，而在世界上许多城市则是100 万~ 120万公里。由于运营成本较低，报废里程越长，纯电动公交车就越有利可图。如果纯电动公交车的使用时间比传统汽车长，它们也能提高相对盈利能力。

随着电池价格的急剧下降（见 4.1 节），纯电动公交车的总体拥有成本将会改善，从而降低公交车成本。电池成本的降低可能相当于到 2020 或 2021 年纯电动公交车获得的当前补贴总额的三分之一。然而，在不提供任何补贴的情况下，要使纯电动公交车在财务上与传统车型相当，或比传统车型更有利可图，则纯电动公交车的使用寿命需要从目前的平均 8 年扩大到 15 年左右。[1] 电池需要在 8 年后更换，然后公交车可以再使用 7~8 年。使用纯电动公交车 15 年，总里程为 100~120 万公里，在技术上是可行的，而且是目前世界上大多数公交车运营商对所有类型公交车的做法。纯电动公交车在部件上承受的振动和压力更小，也因此比传统车型寿命更长。延长公交车的寿命不仅在经济上有意义，而且因为材料和资源的使用时间更长，对环境也有好处。[2]

4.3　低碳公交车的风险和间接成本

在许多城市，低碳公交车的公交车可用率与传统车辆相当。然而，在一些城市，纯电动公交车的故障率更高，一些城市报告的事故率和故障率比传统公交高出 10%~30%。大多数报告中故障的原因是电池和电池管理系统，主要发生在夏季，此时电池由于空调的大量使用而承受更大的压力，这导致了较低的公交车可用率以及需要更大的公交车后备车队。导致公交可用率降低的一些主要问题是缺乏合格的维养、纯电动公交车型号繁杂因此造成备件缺乏、某些品牌的公交车质量低劣等。

一般来说，混合动力车和插电式混合动力车的载客量与传统公交车相当。然而，许多生产纯电动公交车的公司在公交车内安装了一些电池，从而减少了乘客的可用空间。对于一些纯电动公交车，问题也可能是电池重量，因为安装了大型电池组（通常 100 千瓦时的电池意味着 1 吨的重量）。这可能导致轴重过高，并限制可装载的乘客数量。[3] 与同等尺寸的传统车型相比，纯电动公交车的客运量比其低 20% 的情况并不罕见。公交车运营商通过购买较大车型（例如 10 米而非 8 米公交车）或增大最多 20% 的公交车队规模来处理这个问题。[4] 然而，客运能力下降的问题与所选择的公交车品牌有关，较新的车型与较旧的纯电动公交车品牌相比，面临这个问题的情况比较少。

---

❶ 使用例如 10 到 12 年寿命的电动公交车意义有限，因为最为昂贵的电池的寿命为 8 年，并且在此之后需要更换；因此在财务和环境角度来考虑，按照电池的潜在寿命来使用公交车，不是最佳选择。

❷ 在使用化石燃料公交车的情况下，高频率更换公交车具有其优点，因为新公交车具有较低的污染水平 – 然而对于电动公交车而言，由于它们的燃烧排放已经为 0，因此不适用于化石燃料车型的模式。

❸ 这个问题在中国并不经常出现，因为大多数运营商选择带有小电池组的公交车，并在白天给它们反复充电。

❹ 运营商不愿购买 14 米或更长的电动公交车，因为价格更贵。

4.4 财务结论

混合动力公交车的价格要高出 20% 左右，插入式混合动力车则高出 40%，而纯电动公交车的价格要比同等尺寸的传统柴油或天然气公交车高出 100%~150%。由于混合动力车能耗较低，这一增量投资得以回收。插电式混合动力车如果按照在中国不充电的使用方式，则无法收回增量投资。

纯电动公交车的能源成本较低，维养成本略低。与传统公交车相比，它们的技术寿命更长（除了电池需要在大约 8 年后更换）。如果柴油或天然气价格高，纯电力成本低，公交车使用里程高，纯电动公交车使用年限比传统公交车长，那么纯电动公交车的总体拥有成本可以低于化石燃料车型。然而，在中国的城市背景下，纯电动公交车的总体拥有成本仍然明显高于传统的公交车，因此也需要未来的补贴。预计未来燃油价格上涨和电池成本下降（导致纯电动公交车成本下降）将缩小这一差距，使纯电动公交车在财务方面具有竞争力。

第 5 章　低碳公交车的促进政策

自2009年以来，国家发展和改革委员会、财政部、工业和信息化部、交通运输部、国务院办公厅和国家能源局等在中国推广了新能源汽车。支持系统存在于国家、省、市一级，并加入宏观层面的政策中，包括战略性工业规划、能源规划、环境保护和研发等。公交车不是唯一推出的新能源汽车，还包括卡车、出租车、政府车辆以及私人车辆。 新能源汽车的推广政策是以环保和减排、能源政策以及产业政策为基础，以战略方式推动国内汽车产业。

自 2009 年以来，已经实施了部署新能源公交车的激励措施：[1]

- 2009—2012：2009 年发布了第一份经济激励政策文件以及"十城千车"示范项目。[2] 此阶段包括混合动力，电动和氢燃料电池公交车。补贴直接给予公交车制造商，从最终销售价格中扣除给运营商。
- 2013—2015：中国中央人民政府发布了第二阶段的纯电动公交车补贴政策。[3] 主要变化是政府自 2013 年以来将混合动力车排除在接受补贴的范围之外。 此外，从 2013 年开始，城市可以获得充电基础设施的补贴。
- 自 2013 年起，中国中央人民政府直接向试点城市提供补贴，以开发纯电动公交车的充电基础设施。
- 2016—2020：中国中央政府发布了第三阶段的电动公交补贴政策。[4]
- 2017—2020：中国中央政府发布了更新后的纯电动公交车补贴政策，包括削减纯电动公交车和充电基础设施的补贴。 此外，中央人民政府还对交通运营商实施了运营补贴，并减少了柴油补贴，以鼓励纯电动公交车的运营。

促进新能源汽车的国家产业政策包括制定此类车辆、特别是电池的法规和标准，并对

---

❶ 见 S. Sun and GIZ. 2018. 中华人民共和国电动公交发展的趋势和挑战 . http://www.sustainabletransport.org/archives/5770.

❷ 中华人民共和国政府财政部 . 2009. 关于开发节能和新能源汽车。（中文）http://www.mof.gov.cn/zhengwuxinxi/caizhengwengao/2009niancaizhengbuwengao/caizhengwengao2009dierqi/200904/t20090413_132178.html.

❸ 中华人民共和国中央人民政府 . 2013. 关于继续推广和应用新能源汽车的通知。（中文） http://www.gov.cn/zwgk/2013-09/17/content_2490108.htm.

❹ 中华人民共和国政府财政部 . 2015. 关于中国财政部财政支持政策的通知。（中文）http://jjs.mof.gov.cn/zhengwuxinxi/zhengcefagui/201504/t20150429_1224515.html.

电池回收政策给予特别重视，这些法规允许产品标准化并确保质量，从而也给予客户信心并促进可持续生产方式和产品的建立。新能源汽车的税收优惠包括直接免除费用、购置税豁免、消费税豁免，以及车辆关键部件的税率降低。中国还制定了创新政策，其中包括针对新能源汽车相关项目的研发资源。 基础设施支持政策包括电网建设和改造，以及为新能源汽车建立充电基础设施。

促进新能源汽车使用的政策基本上是补贴。补贴按照车辆和技术的类型和类别（混合动力车、插电式混合动力车、纯电动车、燃料电池车）进行分类。通过降低补贴水平和提高门槛（增加所需电动驱动范围）来逐步取消补贴，但不包括补贴中的特定技术（例如混合动力公交车不再受到补贴，但插电式混合动力车继续得到推广）。下一节将讨论中国低碳公交车的补贴标准。

5.1 中国的低碳公交奖励计划

2016—2020 年期间的低碳公交车补贴与以下标准相关（更多详细信息，请参见附录 2）：[1]

- 公交车尺寸：较小的公交车（例如 6~8 米的公交车只能获得 10~12 米标准公交车补贴的 50%，而 14 米或双层公交车的补贴比标准车型高 20%）。
- 纯电力驱动范围：纯电力驱动范围 > 250 公里的公交车比电力驱动范围在 100~150 公里之间的公交车获得多 40% ~50% 的补贴。
- 公交车效率：在每个净负荷（千瓦时 / 吨公里）的能源消耗方面，公交车的效率越高，补贴水平越高。最低效率类别与最高效率类别之间的补贴差距几乎是 2 倍。
- 技术：为纯电动公交车、插电式混合动力公交车、[2] 超快速充，电纯电动公交车和无轨电车提供补贴。

自 2017 年 1 月起，充电速度不同也会带来补贴的不同，如果电池可以在较短的时间内充电，则会给予更高的补贴。但是政府正在逐步减少对低碳公交车的补贴，并将在 2019 —2020 年进一步减少激励措施，2020 年之后，低碳公交车的所有补贴将逐步取消。

下面两个因素也解释了中国为何使用这些类型的纯电动公交车：

- 长度超过 12 米的公交车只能获得比 10~12 米车型高 20% 的补贴。然而，18 米公交车的平均成本是 10~12 米公交车的 2.5 倍，这意味着大于 12 米的纯电动公交车仍然比传统车型昂贵得多，而标准尺寸和更小的纯电动公交车成本水平比传统车型便宜，这对购买铰接的 18 米纯电动公交车造成了不利影响。其结果是由 10~12 米纯电动公交车组成的大型车队和一些城市（如广州）正在用 12 米的纯电动公交车取代铰接式传统公交车。然而，就能源使用和排放方面而言，更大的车型能更有效提升乘客公里数。因此，该政策不仅阻碍了中国的公交车行业获得更多 18 米

[1] 中华人民共和国财政部．2015. 关于 2016—2020 年新能源汽车推广和应用的财政支持政策通知；中华人民共和国财政部．2016. 关于调整新能源汽车推广应用财政补贴政策的通知。http://jjs.mof.gov.cn/zhengwuxinxi/tongzhigonggao/201612/t20161229_2508628.html

[2] 区分电池和公交车尺寸的比能量或重量能量密度，单位为 Wh / kg（瓦特小时 / 千克）。

电动车型的经验，而且还降低了城市一级的运输效率。

- 无轨电车获得的补贴少于纯电动公交车，因为它们的纯电力驱动范围较小，为无轨电车配备巨大的电力驱动范围是没有意义的，因为它们主要与架定线一起运行。因此，该政策有利于某些电力驱动技术，从环境角度来看，这种技术的意义有限。

补贴是在国家和省市一级（取决于当地政策）。2009年，25个城市获得了国家补贴；2013年，补贴扩大到99个城市；自2016年起，该补贴可在全国范围内使用。2017年，中国约有38万辆电动公交车在运营[❶]，显示出这些政策的积极影响。除了补贴之外，公交运营公司的金融服务提供商对于克服公交运营商的现金流限制的困难也很重要。

5.2　电池政策

2016 年 1 月，国家发改委、工信部、环境保护部、商务部和国家质量监督检验检疫总局制定了电动汽车电池回收政策，2018 年 2 月提出的一系列临时规则要求电动汽车制造商负责新能源汽车电池的回收。他们需要建立回收渠道和服务网点，以便收集、存储旧电池并将其转移给专业回收商。与电池制造商及其销售单位一起，电动汽车制造商还必须建立一个“可追溯性”系统，以便识别废弃电池的所有者。电池制造商也被鼓励采用标准化且易于拆卸的产品设计，以帮助自动化回收过程。他们还必须为车辆制造商提供有关如何存放和拆除旧电池的技术培训。

5.3　其他国家的激励计划

在所有低碳公交车渗透水平已超越试点计划的国家，均已实施补贴政策。补贴幅度与中国提供的补贴幅度相当。补贴内容基本上是前期购买补贴，包括低碳公交车和相关充电基础设施的增量成本。虽然补贴一般是给运营商而不是制造商，但影响是相同的，因为所有国家的运营商都更喜欢本地制造的车辆。例如在美国，补贴只适用于在其“购买美国国家”计划下生产的公交车。下列内容概述了在不同国家或地区应用的一些政策。

（1）德国

德国政府设立了7000万欧元的预算计划来为2018—2021年的公交运营商提供支持，以支付电动和插电式混合动力公交车与传统柴油车辆相比的增量投资成本以及这些公交车运行所需的相关充电基础设施建设。如果公交运营商获得5辆或更多的纯电动公交车，他们可以要求高达80%的额外投资成本，包括充电基础设施的成本，培训和新的服务中心成本。以上支持与电动公交车和插电式混合动力公交车须使用可再生能源电力的要求有关。欧盟委员会的结论是，该计划的环境效益超过了公共融资带来的任何潜在的恶性竞争，并根据欧盟国家援助规则批准了该计划。

---

❶ Bloomberg NEF. 2018；包括纯电动公交车和插电式混合动力公交车。

（2）英国

在 2015 年，由低排放车辆办公室在 2015—2020 年的 5 亿英镑预算下推出了 3000 万英镑的英国低排放公交车计划，以支持在英格兰和威尔士购买低排放车辆。该计划取代了早先在 2009 年建立绿色公交基金，该基金在 2009—2013 年的 4 轮融资中，为 1200 多辆低碳公交车（基本上是混合动力车）提供了资金。在该计划资助的 1200 辆公交车中，约 60%是双层车、40%是单层车；89%的公交车是混合动力车、7%是沼气车、4%是纯电动公交车。用于 4 轮的总资金为 8900 万英镑即每辆公交车约 72,000 英镑。该基金作为一项挑战基金运作，这是一种具有竞争力的融资工具，用于向公共部门支付激励解决方案的资金，为特定目标提供尽可能少的经济资助，从而降低私有运营商的风险。在低排放公交车中，零排放和传统公交之间的最大成本差异的 90%已被支付。此外，2009 年 4 月，公交车服务运营商拨款基金进行了改革，以鼓励提高车队的燃油效率，并为低碳排放公交车提供公平的竞争环境。拨款基金推出了每公里额外支付 6 便士的奖励，运营商可通过运营低碳公交车来获得。苏格兰交通局拥有类似的基金（苏格兰绿色公交基金），该基金在低碳公交车和相同的柴油公交车之间提供最高 80%的差价。

（3）美国

美国的纯电动公交车数量非常有限（65000 辆车中约有 300 辆是纯电动公交车）。但是，它确实由联邦提供拨款来支持购买纯电动公交车。美国运输部的联邦运输管理局（FTA）提供总额为 5500 万美元的补助金，用于购买美国制造的零排放公交车。2017 年新政府启动了一项 2.84 亿美元的拨款计划，用于购买所谓的清洁柴油公交车以及零排放公交车，联邦支付份额高达 90%。美国联邦运输管理局要求所有资本采购符合联邦运输管理局的“购买美国”政策的需求，要求所有制造的产品都在美国生产。

第 6 章　未来的挑战

6.1　全电动化车队

6.1.1　不同城市的全电动化发展趋势

图 6-1 显示了中国部分城市已具有完成车队全部电动化的趋势。

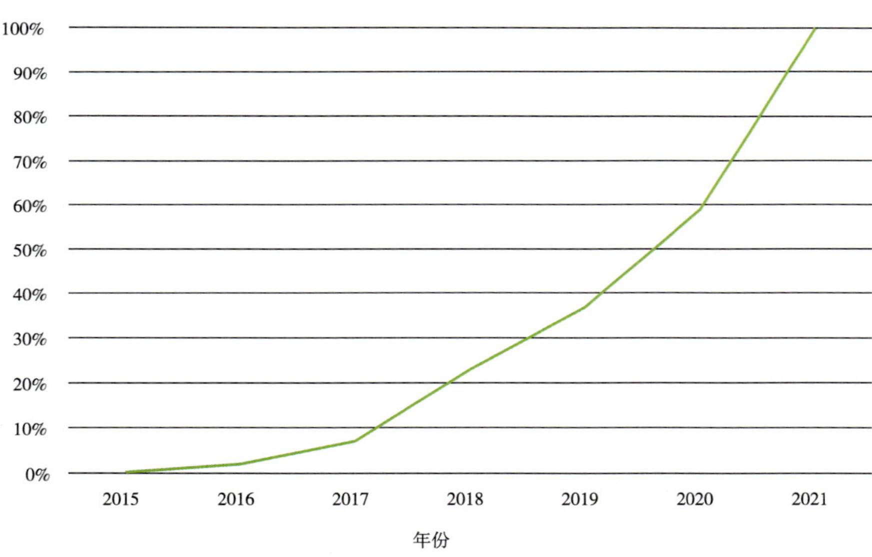

图 6-1　中国广州市公交集团第二分公司纯电动公交车占比

来源：亚洲开发银行。

2015 年，中国广州市公交集团第二分公司拥有大约 13000 辆公交车，其中纯电动公交车数量为 25 辆；2017 年，运营的纯电动公交车数量增长为 1000 辆；2018 年，运营的纯电动公交车数量增长为 3000 辆；他们计划于 2021 年实现公交车 100% 的电动化。很多其他城市也有类似的计划，即在未来 5 年内实现公交车 100% 的电动化。

公交车全部电气化带来的挑战包括：

①目前，纯电动公交车辆基本上由较小型的公交组成。在完全电动化的情况下，必须购买更大型的公交车，包括可能的铰接零件。这将需要对公交车和充电技术

进行更加明确的界定。

②目前，纯电动公交车在乘客需求量少，长度较短的线路上使用。在完全电动化的情况下，纯电动公交车将用于更长的、乘客运量更高的线路，这需要考虑在公交车上安装最佳的电池组。

③目前，纯电动公交车尚未针对成本进行优化。随着全电动化的到来，降低运营成本的需求增加，纯电动公交车车队需要通过优化充电和车辆技术，以降低能源成本。

6.1.2 纯电动公交车容量与技术选择

在中国的典型城市中，公交车队由大约60%的10~12米标准公交车和40%的小于10米的车辆组成。只有少数城市拥有3轴14米公交车队，包括双层公交车和铰接式18米公交车(图6-2)。混合动力汽车基本上是10~12米，无轨电车的长度大多也是12米，也有一些铰接式的18米无轨电车。另一方面，纯电动公交车中超过60%为小型公交车， 10~12米的占比为40%，只有北京拥有14米的双层公交车。

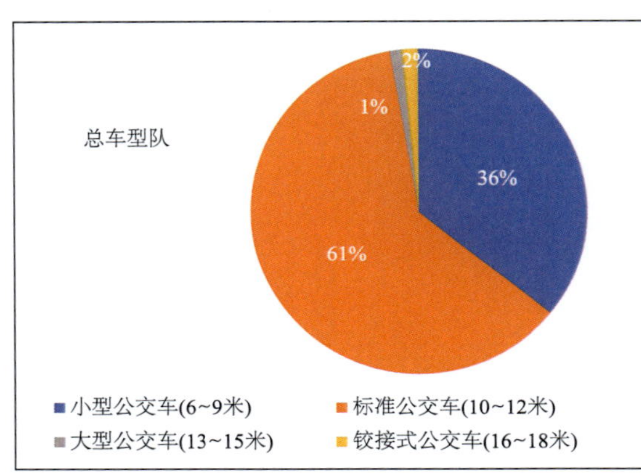

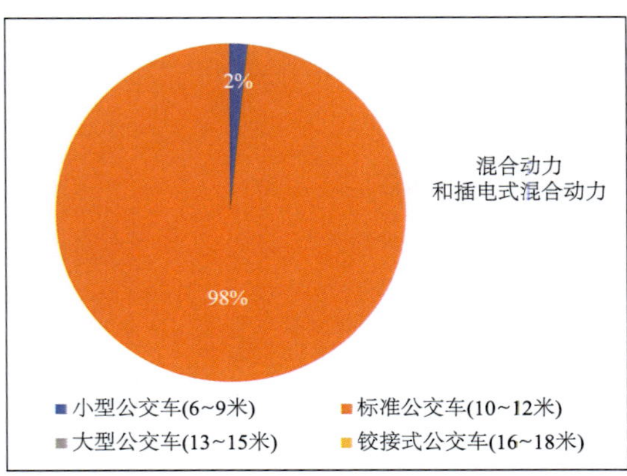

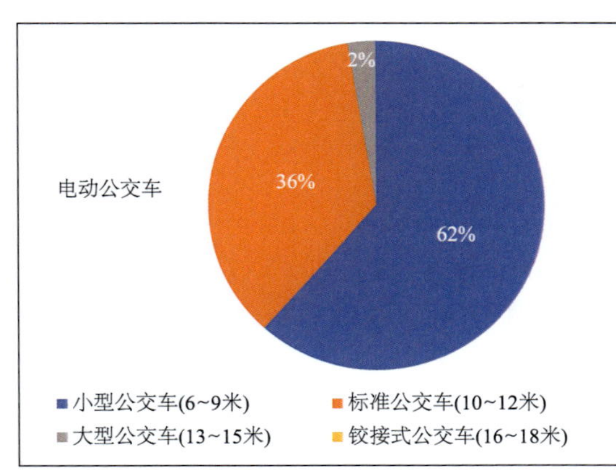

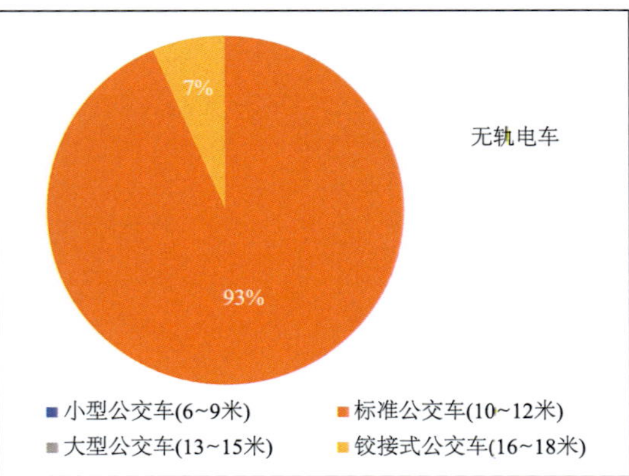

图 6-2　车队车辆型号占比图

来源：亚洲开发银行，中国部分城市的数据。

如果要实现公交车的完全电动化，需要增加更大容量纯电动公交车的占比。此外，需要评估 12 米以上的其他电动化的公交车类型。例如多样化的电动车日间快充系统、路线中的择机充电系统或者无轨电车。

因为 18 米长的纯电动公交车在夜间充电缓慢，需要大型的电池组，这导致 18 米长的纯电动公交车车身沉重且价格昂贵。 因此，装配大型电池组并非实际的解决方案。因为 18 米长的纯电动公交车通常在公交专用车道上行驶较高的里程数，因此需要多次充电以保证运营。在实际运营中，最佳的操作方式是在线路的末站人工充电，或者采用自动受电弓充电。目前欧洲的很多城市已在实施这种充电系统，而在中国只有少数几个城市在使用这种充电方式（例如在上海有 10 辆 12 米公交车已采用上述的充电方式）。 这种充电系统的优点是公交车不需要返回公交场站进行充电，该系统对于快速公交（BRT）以及使用率高的路线上会发挥更高的效率，并且使用受电弓或采用自动化充电具有节省人工成本的优势。

超快速充电也可以在中间车站进行。但是，因充电时间应当会小于20秒（相当于车辆停站的平均等待时间），这需要配备高功率的充电桩（400~600 千瓦）。在法国南特、瑞士日内瓦， 18米公交车和24~26米双铰接式公交车都已装配这种充电系统。与在线路末站进行终端充电的方式相比，超快速充电的优势在于公交车需要装配更少的电池（更低的成本），并且在路线末站不需要占用额外的时间和额外的空间。充电设施被集成到车站中，充电时间为乘客上下车的10~30秒的时间内。因为充电时间短，公交车发车的频率可以达到非常高的水平。这种系统的价格比线路末端择机充电方式以及无轨电车系统都低，适用于在运营高频率大型公交车的快速公交（BRT）路线上使用。在中国，仅有少数的择机充电系统在车站和18米公交车上试用（例如在宁波）。

在中国的很多城市，行驶里程为 30~50公里、无架空电线的12米或18米无轨电车使用较为广泛。 这种车型的优点是车辆仅需一个小容量电池（18米车型需要30~60千瓦时），缺点是操作灵活性有限，基础设施成本很高（60万~170万美元/每公里），而且架空布线的维护成本很高。 此外，通过架空电线造成的视觉污染也是一个问题。 但是，该技术已在全球许多城市得到验证和使用。

选择哪种系统最好将取决于路线的特性、发车频率、可用空间和基础设施情况。 但是，在路线上或路线末端的择机充电系统因具有较低的基础设施投资成本以及更少的维护问题，而具有更高的操作灵活性。 特别是对于乘客出行需求高的路线，这被认为是迄今为止最好的技术和解决方案。

6.1.3　纯电动公交车最佳电池组尺寸的确定

基于目前的平均电池容量情况，将纯电动公交车用于更长的路线上，实现车队车辆 100% 的电动化是困难的。 在这种情况下，优化电池尺寸是一个重要问题。 目前，仅有运营规模最大的少数运营商在极少的城市里进行 100% 电动化。

纯电动公交车的使用范围是一个重要参数。 最佳电池容量取决于以下因素：

- 日均行驶里程；
- 每单位里程的能源消耗量；
- 荷电状态储备率；
- 随着时间变化的荷电状态；

- 充电类型；
- 每日不同时间段的用电费用；
- 电池成本。

（1）日均行驶里程

这取决于使用纯电动公交车的线路以及发车频率。

（2）能源消耗量

纯电动公交车的能源使用情况因路线、司机、气候和交通状况的不同而有很大差异。高频率地使用空调制冷或制热、道路陡峭的坡度都将显著增加纯电动公交车的能耗。空调制冷或制热可使能源使用量增加50%，而陡峭的道路梯度也会显著增加电耗情况。选择所需的电池容量应考虑到纯电动公交车在炎热的夏季或寒冷的冬季的运营问题，考虑空调制冷或制热导致的能耗增加的情况，而不是仅考虑一年中无需空调制冷或制热的其他月份的平均能耗情况。制造商提供的纯电动公交车的能源使用情况过于乐观，并不符合实际监测的性能水平。

（3）电量储备状态

电池通常需要的最少的电量存储率应达到 10% ~15%，以防止电池损坏并保证其完成保修。此外，公交车还必须储备一部分电量以防止因为缺电而导致车辆搁浅在途中。因此，在选择电池容量时必须考虑到 10%的最小电量储备率。 实际情况是，中国大多数城市的纯电动公交车在电量存储率达到 20% ~30%之前就恢复充电。这也显示出依靠电池存储率运转的车载设备的可靠性有限。

（4）电量储备状态下降

电池电量储备状态随时间增加而性能下降。制造商指出，电池电量储备状态在运行的第一年是正常的，但在使用的第五年或第八年，将呈现较低的电量储备状态。 一般而言，中国的纯电动公交车和电池制造商可保证在第 5 年电池的荷电状态为 85%；在第 8 年荷电状态为 80%。这意味着与第 1 年相比，第 5 年使用满载电池的车辆行驶里程将减少 15%。若计划公交车在原预定路线上行驶 5 年或更久，则需要原装电池组也必须支撑足够相应的时间。

（5）充电类型

在夜间充电的公交车将需要更大的电池组。 可在白天快速充电的公交车则可使用较小的电池组。 如果选择容量太小的电池组，那么夜间充电的纯电动公交车必须在白天另外择机进行快速充电。如果车辆在出厂设置时不具备可快速充电的功能，则纯电动公交车需要频繁地充电以保证运营里程的需求。以上的解决方案都可能导致运营操作困难，这也表明了预先选定合适的电池组的重要性。

（6）电力和电池的价格

除技术和运营层面外，财务方面也制约了电池组容量的选择。截至 2018 年 4 月，公交车电池的成本约为 350 美元 / 千瓦时。因此，更多的电池意味着额外的车辆成本。夜间电价较低，这鼓励了运营商选择夜间充电而不是选择中间快速充电或者配置更大容量的电池组。

（7）实际的运营里程

尽管制造商宣称 210 千瓦时电池组的行驶里程为 280 公里，但在车辆使用的第 8 年夏季，实际行驶里程可能会低至 130 公里。因此，公交车将需要更频繁地在白天充电，这将导致运营操作更复杂。

替代方案是：

- 购买电池容量更大的公交车（最终于长线路使用）；
- 在较长的线路上使用荷电状态率较高的新型公交车，而在较短线路上使用荷电状态率较低的旧公交车；
- 减少夏季空调使用时间；
- 购买额外的公交车（例如一辆传统公交车会至少被一辆纯电动公交车替代）。

在较长的线路上使用新型公交车，而在较短线路上使用旧公交车被认为是一种具有高效成本效益的解决方案。纯电动公交车可以在前 5 年保持较高的电池电量储备状态，考虑到纯电动公交车的行驶里程，没有必要将其投入到最长的线路中进行运营。可安排其在白天 70%~80% 的线路中择机充电。对于较长的线路，每天两次充电则可为行驶全程提供电量保证。表 6-1 显示了日均里程为 200 公里的 6~8 米公交车和日均里程为 230 公里的 10~12 米公交车仅需夜间充电以及可以择机白天充电时对应的不同的最小电池容量情况。

纯电动公交车电池配置建议 表 6-1

车　型	仅夜间充电	夜间充电与一次白天补充充电相结合	备　注
日均里程为 200 公里的 6 ~ 8 米公交车	210 千瓦时	120 千瓦时	两种解决方案都可行。然而，对于较小的公交车，210 千瓦时的电池组可能太大而且成本高。目前在中国城市使用的大多数 6~8 米纯电动公交车的电池组约为 120 千瓦时（即每天至少需要充电一次）
日均里程为 230 公里的 10 ~ 12 米公交车	430 千瓦时	240 千瓦时	两种解决方案都可行。然而，目前在中国使用的 10~12 米公交车的电池组电量低于 310 千瓦时，平均为 210 千瓦时（即白天需要充电一至两次）

资料来源：亚洲开发银行。

根据纯电动公交车目前的效力和每天一次充电的要求，如果仅夜间充电，配备在 6~8 米长公交车上的电池组能满足日均行驶里程的最小单位公里容量为 1 千瓦时公里 / 左右。如果在夜间和白天各充电一次，则电池组需满足日均行驶里程的最小单位公里容量为 0.6 千瓦时 / 公里。对于 10~12 米的公交车，如果仅在夜间充电，电池组的最小单位公里容量约为 2 千瓦时 / 公里；如果夜间和白天充电一次，则约为 1.1 千瓦时 / 公里。

6.1.4 充电系统的优化

是否选用纯电动公交车很大程度上取决于电价，中国不同城市之间的电价相差可达 2 倍。包括服务费的平均价格，介于 0.11 美元 / 千瓦时和 0.20 美元 / 千瓦时之间。 由于所有公交车在高峰时段被投入运营，因此在高峰时段很少充电。 夜间和非高峰时段收费之间的差异平均为 0.05 美元 / 千瓦时。 图 6-3 比较了配备 430 千瓦时电池组的 10~12 米公交车和配备 240 千瓦时电池组的公交车仅夜间充电和夜间充电加白天补充充电两种不同方式的成本。

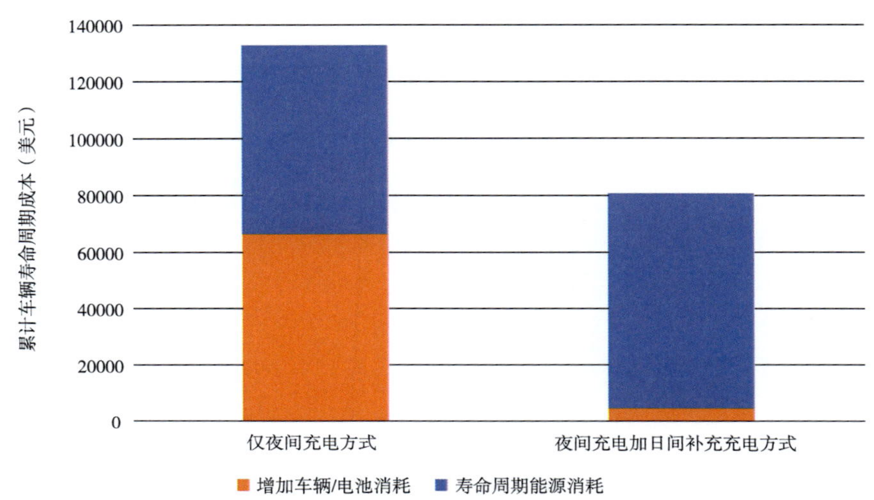

图 6-3 从商业循环寿命角度对仅夜间充电方式与夜间充电加日间补充充电方式进行成本对比

注：根据中国的平均夜间或非高峰日间电费；年行驶里程 6 万公里的 12 米公交车，使用寿命为 8 年；只有夜间充电的公交车，电池容量为 430 千瓦时；白天加夜间充电的公交车使用 240 千瓦时电池组。

资料来源：亚洲开发银行。

夜间和非高峰日电价之间的平均价格差异为 0.05 美元 / 千瓦时，不足以支付当前价格较高的公交车电池组的额外成本。 在中国，更好的财务策略是限制公交车的电池尺寸，以实现白天一次或多次充电。

6.2 低碳公交车政策面临的挑战

（1）插电式混合动力公交车

除少数例外情况外，插电式混合动力公交车是不需要充电的。这意味着它们可像标准混合动力车一样运行，其燃料消耗情况也与标准混合动力车相同。该车型虽然配备了从电网充电的技术能力，但该技术能力未被使用。导致上述情况有以下原因：中国城市使用的插电式混合动力车的平均电池尺寸较小（10~12 米长车型平均为 25 千瓦时）缺少充电设施、插电式充电操作复杂、空间不足以及相对较高的电价和较低的化石燃料价格，使用插电式混合动力公交车为运营商的成本节省很小[1]。之所以运营商购买插电式混合动力车而不是混合动力车，是因为目前补贴仅适用于插电式混合动力车。然而，一辆 10~12 米的插电式混合动力公交车比标准的混合动力公交车成本高出 20% 或 20000 美元左右。如果没有从电网充电，则插电式混合动力公交车相比标准的混合动力公交车，完全没有优势，即额外的投资不会带来额外的收益。在过去的 4 年中，政府已经为大约 70000 辆插电式混合动力公交车提供补贴。政府花费了大约 14 亿美元的额外资金推广插电式公交车而非标准的混合动力公交车，然而却没有任何额外的环境或成本效益，这些资源本来可以被节省下来。

（2）纯电动公交车补贴

与许多国家一样，纯电动公交车的前期补贴在说服公交运营商购买纯电动公交车方面非常有效。纯电动公交车的采购成本低于传统公交车，同时还具有较低的能源和维护成本。从所有权总成本角度，补贴高于纯电动公交车的实际增量成本，这种情况是合理的，因为由于技术的新颖性和未知的实际运营成本，纯电动公交车对公交运营商来说风险更大。 然而，运营商在过去几年中管理了更多的纯电动公交车车队，这种风险已经被降低，现在可以考虑降低补贴水平。 超出所需增量成本水平的补贴水平可能只会增加公交车制造商的利润，或者可能导致购买更多的纯电动公交车，造成财务资源的浪费。 因此，政府从高补贴到逐步减少补贴的政策是恰当可行的。

纯电动公交车的其他补贴政策也导致这一技术或车型成为首选：

- 即使 18 米长的纯电动公交车成本为 10~12 米公交车的 2 倍，但是，长度超过 12 米的公交车只能获得比标准公交车多 20% 的补贴。 这项政策显然有利于小型公交车。纯电动公交车的补贴水平应该反映这一点，为 14 米和 18 米的公交车提供更多的补贴，这使得该领域车型更长的纯电动公交车同样具有吸引力。
- 补贴与纯电驱动的范围有关。 虽然这种方法被理解为防止选用非常小的电池组的车型来获得补贴，但这可能导致具有大电池组的车型成为最佳配置，而导致具备较小电池组，可在白天补充充电车型不受青睐。 这一政策将导致不鼓励使用择机充电系统，包括超快速充电系统或电动无轨电车。

前期资本支出补贴很简单，并向公交运营商发出明确信号，这也使这些补贴有效地鼓励运营商选用纯电动公交车。然而，当补贴与某些特定的车型和技术方法相关联时，可能导致运营商购买非最优的车型与次优的车体容量来支持车辆的电动化。

一旦克服了管理大量纯电动公交车的最初障碍，一种更有效和高效的方法可将补贴与纯电动公交车的使用联系起来[2]，即将纯电动公交车的使用与运营乘客数或里程补贴相关联，这种补贴制度将是从技术和车型中立的角度考虑。一些省市（如广州）正在讨论如何

---

[1] 根据当前的电力和化石燃料价格以及插电式混合动力车的当前电池尺寸，如果在夜间为插电式混合动力公交车充电，运营商将节省 10 元 / 晚 ~15 元 / 晚，即节能情况不显著，并且无法为这些额外夜间运营的公交车提供工作保障。

[2] 将补贴与乘客数或公里数相关联，而不仅仅是公交车数或公里数，避免了对小型公交车的偏爱。从理论上讲，乘客数或公里数可以计算，例如，基于最大载客量的 50% 乘以年行驶距离。

建立基于纯电动公交车行驶距离的年度补贴，这将是朝着正确方向迈出的一步。可以根据各种简单测量参数建立基于指标乘客公里（pkm）的补贴系统：

- 通过 GPS（全球定位系统）监控行驶距离以及平均最大载客量的 50% 的载客量来确定每辆公交车的乘客数或公里数。基于 GPS 测算的行驶里程，向运营商支付费用业界是有标准的，并且被许多快速公交系统使用。可根据公交车的容量车型，使用每辆公交车的默认乘客数量进行差异化的支付，这是一种相对简单地计算费用的方式，并与公交车的实际运营业绩相关联。这种方法很简单，因此不需要在公交车上配备更多的设备，并且完全符合针对公交车的运营业绩获得补贴的目标。[1]
- 一种更复杂的方法是用于乘客电子票务数据信息确定每辆公交车确定运送的乘客数量，与平均行程距离用于确定每辆公交车的乘客数或公里数。但是，如果车票收费不是基于距离的，那么运营距离可能无法通过电子票的数据来确定。
- 在公交车上使用自动乘客计数设备，计算每个车站上车与下车的乘客数量，从而确定公交车的平均占用率，再将该信息与从 GPS 导出的车辆行驶距离相结合。如今，自动乘客计数设备的精确度超过 95%，因此可以随时准确地显示公交车上的乘客数量。这将是最精确的测量，但需要确保公交车上安装有自动乘客计数设备。

6.3 关于未来挑战的预言

未来几年，中国许多城市将实现电动公交的全覆盖。为了避免大幅度增加公交车队和相应的公交车辆成本，这需要使用更大容量的纯电动公交车并优化公交车电池组和充电技术，包括在要求苛刻的路线上使用无轨电车系统或择机充电系统。

插电式混合动力车的补贴并没有产生预期的环境影响，因为由于技术和操作问题，插电式混合动力车并没有在电网中充电。不推荐进一步补贴混合动力车或插电式混合动力车，因为混合动力车成本较高，支持插电式混合动力车不是一项有效的政策。

中国对纯电动公交车实行的前期补贴政策导致运营商采购了大量纯电动公交车。它实现了技术的突破，有效地消除了运营商采用纯电动公交车的障碍。随着纯电动公交车的成本逐渐下降，补贴水平可以降低。

目前的补贴政策不是基于车辆类型和技术中立的角度，而是政策倾向于中小型电池组的小型公交车。这可能导致运营商选择次优的技术和车型。从前期投资补贴转向与公交运送的乘客数或公里数相关的运营补贴将是技术中立的，并奖励高效使用纯电动公交车的运营商。

---

[1] 使用仪器显示的距离作为指标将倾向于小容量的公交车。

第 7 章　结论与建议

本书数据来源于中国 16 个城市的 70000 个车队运营的低碳公交车，就 2017 年和 2018 年的数据进行了收集与分析。对柴油车，混合动力，插电式混合动力汽车和纯电动公交车的环境和财务影响因素进行了比较，讨论了中国为实施低碳公交车而采取的各种政策。

从环境方面看，低碳公交车排放的温室气体基本上受到中国电力生产中高碳因素的限制。因此，混合动力车以相同的方式减少约20%的能源消耗并减少温室气体排放，而纯电动公交车使用相对于柴油公交车的1/4能源，并减少约30%~40%的从油井到车轮的温室气体排放。 因此，即使以燃烧化石燃料为主来产电，纯电动公交车也对减少温室气体排放有积极有效的影响。未来，只有在电力生产转向利用可再生能源的情况下，中国排放的温室气体才能进一步降低。纯电动公交车的局部排放量为零，并可显著降低噪声污染。 然而，中国采用的最新排放标准显示现代化石燃料公交车的排放也到达了非常低的水平，因此，这减少了纯电动公交车在排放方面的影响作用。

从财务方面看，在中国，混合动力公交车的总拥有成本与传统公交车相当，而纯电动公交车的总拥有成本仍然高得多。 即使纯电动公交车的能源和维护成本较低，也无法收回增量投资。随着化石燃料价格的上涨，电池成本的降低以及纯电动公交车使用时间的延长，这种情况可能会发生变化。 因此，逐步减少对纯电动公交车的补贴是合理的。

公交运营商需要从纯电动公交车辆技术，电池尺寸和充电技术方面优化电动公交系统配置。 需要考虑参数（例如路线距离、夏季使用空调时的纯电动公交车性能、电池储备率和电池容量随时间下降等）以确定不同荷电状态下的公交车的电池尺寸。 最佳系统配置取决于技术和路线标准，电价和公交车成本。 一般而言，纯电动公交车最适用于运行较短的路线；如使用中途快充设备，则可将中等容量的纯电动公交车在较长的线路上运行；具有发车频率高和高乘客需求的公交线路最好配备择机充电系统和无轨电车。

在政策方面，中国和许多其他国家一样，都采取各种措施来鼓励使用低碳公交车。 中国目前对低碳公交车采用提前补贴的政策以吸引公交运营商选用低碳公交车，混合动力和电车的成本低于柴油天然气公交车，同时运营成本较低。 插电式混合动力车目前在中国也被广泛使用，最近，因为标准型混合动力车不再受到补贴，公交运营商选择只购买插电式混合动力车而不是标准型混合动力车。

然而，插电式混合动力车一般只有一个小型电池板并且由于操作复杂，并未在电网上充电。 因此实际上，价格更昂贵的插电式混合动力车像标准型混合动力车一样被使用，仅仅显示了标准混合动力车的优势。因为插电式混合动力车比标准混合动力公交车的成本高出约20%，因此这种情况，并没能有效地利用资源。

由于目前的补贴过度倾向于具有特定电池组小型的纯电动公交车；超过12米的公交车，择机充电系统和无轨电车缺少相同的优势。因此，现有的补贴政策可能导致系统选择不理想，选择对环境影响较小但是成本较高的车型。此外，高额的前期补贴可能导致庞大的车队和车辆利用不足，这体现为中国城市中纯电动公交车的运营里程仅达到了传统公交车平均里程的50%。更有效的补贴政策应该与纯电动公交车的乘客/公里绩效相关，补贴政策在技术、车型和系统中体现中立程度。

中国在运营低碳公交车方面积累了丰富成功的经验，许多城市正在向公交车服务的全面电动化迈进，现行政策以及现有的电动公交技术可支持他们迈出这一步。在中国以及其他国家，混合动力公交车已经用于载客量较大的线路，并且基本上是朝向完全电动化的中间步骤。就中国而言，因为运营商未将插电式混合动力车在电网上进行充电，与混合动力车相比，插电式混合动力车没有带来额外的益处。今天，从传统公交车过渡到插电式混合动力车，再到纯电动公交车的路径不一定是最佳路径了。对于其他国家和城市而言，因为现在电力技术已足够成熟，可被应用于各种类型的道路和公交车，因此，直接从传统公交车转向纯电动公交车是可行的。

附录 1 方法论方面

本研究中考虑的混合动力和插电式混合动力公交车包括柴油混合动力车，压缩天然气混合动力车，液化天然气混合动力车和液化石油气混合动力车。本研究中包括的公交车尺寸为 6 米、8 米、10 米、12 米、14 米和 18 米。还包括双层 14 米车型。 2016 年 1 月至 12 月，每个月收集有关每辆公交车的性能、能源使用和行驶距离的数据。此外，每个公交车类别和技术收集的数据包括投资成本、充电结构和成本，能源使用和成本，维护成本（按项目分开），公交车可用性和每种技术的故障率。

本报告中包含的排放物有：

- 温室气体（GHG）排放，包括直接（油箱到车轮）和间接排放（油井到油箱）（附图 1-1）。黑碳（BC）包含在间接排放中。
- 当地污染物包括颗粒物质（$PM_{2.5}$）和氮氧化物（NO_X），这些污染物是内燃机尾气排放的结果。

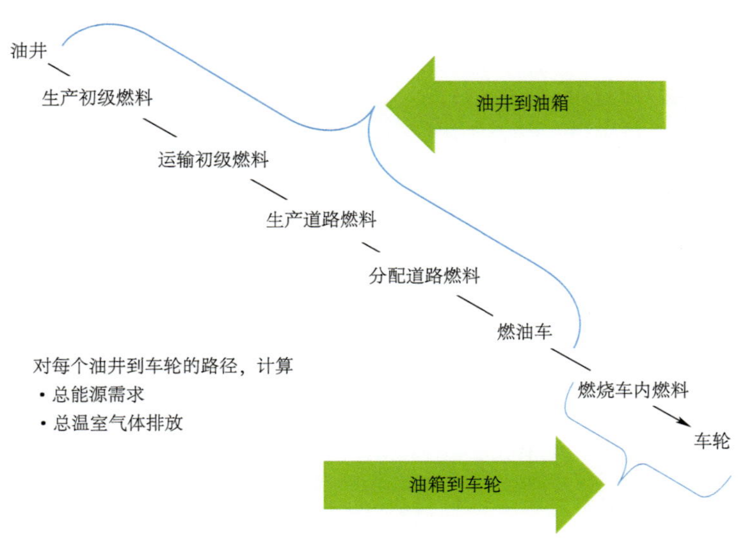

附图 1-1　油箱到车轮，油井到油箱和油井到车轮

来源：欧盟委员会。 2016. 油井到车轮分析。
https://ec.europa.eu/jrc/en/jec/activities/wtw

（1）直接温室气体排放（油箱到车轮）

联合国气候变化框架公约下的温室气体是二氧化碳（CO_2）、甲烷（CH_4）、氮氧化物（N_2O）、全氟化碳（PFCs）、氢氟碳化合物（HFCs）、六氟化硫（SF_6）和三氟化氮（NF_3）。那些与运输部门相关的是 CO_2，CH_4 和 N_2O。但是，用联合国气候变化框架公约的方法确定的来自运输部门的排放中，N_2O 的量非常小。因此，本研究中包含的唯一温室气体排放是 CO_2 和 CH_4。❶ 二氧化碳排放量根据IPCC（联合国政府间气候变化专门委员会）方法（2006年）下的能源消耗确定，该方法也用于所有经批准的 UNFCCC 方法：

$$E_{CO_2,C}=FC_x \times NCV_x \times EF_{CO_2,x}$$

式中：$E_{CO_2,C}$——燃烧产生的 CO_2 排放；

FC_x ——消耗的燃料类型 x；

NCV_x ——燃料类型 x 的净热值；

$EF_{CO_2,x}$——x 型燃料的 CO_2 排放因子。

直接温室气体排放还包括用气车辆的甲烷泄漏。甲烷泄漏量是根据国际清洁运输理事会（ICCT）的平均报告值确定的，该理事会总结了不同的来源。由于 CH_4 的高全球变暖潜能值（GWP），未燃甲烷的泄漏在全球变暖中占很重要的地位。❷ 在车辆的曲轴箱和排气管中引起的是“直接”甲烷泄漏，而由气泵和井中的泄漏引起的是“间接”甲烷泄漏。❸

（2）间接温室气体排放（WTW）

最重要的间接排放来自于电力生产，包括输电和配电损失。以电力为基础的排放基于 UNFCCC 用于气候变化项目的综合保证金方法。这些在中国的各个电网区域中分开统计。本报告中的计算考虑了中华人民共和国电网的未加权平均值（附表 1-1）。

电 网 因 子

附表 1-1

区域性电网	包 含 区 域	电网因子（$kgCO_{2e}$/kWh）
华北电网	北京、天津、河北、山西、山东、内蒙古	0.76
东北电网	辽宁、吉林、黑龙江	0.78
华东电网	上海、江苏、浙江、安徽、福建	0.70
华中电网	河南、湖北、湖南、江西、四川、重庆	0.65
西北电网	陕西、甘肃、青海、宁夏、新疆维吾尔自治区	0.63

❶ 政府间气候变化专门委员会（IPCC）. 2006 年 . 第五次评估报告 . 第 3 章。https://www.ipcc.ch/report/ar5/

❷ 有关 GWP 的讨论，请参阅 IPCC 第四次评估报告：2007 年气候变化，2007 年气候变化：第一工作组：物理科学基础。https://www.ipcc.ch/publications_and_data/ar4/wg1/en/ch2s2-10-2.html

❸ 政府间气候变化专门委员会 . 2015 年 . 重型天然气汽车排放评估：影响和政策建议。 表 4。https://www.theicct.org/publications/assessment-heavy-duty-natural-gas-vehicle-emissions-implications-and-policy

续上表

区域性电网	包含区域	电网因子（$kgCO_{2e}/kWh$）
华南电网	广东、江西、云南、贵州、海南	0.63
未加权平均值		0.69

注：$kgCO_{2e}$ / kWh = 每千瓦时千克二氧化碳当量；

$kgCO_{2e}$/kWh = kilogram carbon dioxide equivalent per kilowatt hour；

资料来源：全球环境战略研究所 . 2019. IGES 电网排放因子清单。

https://pub.iges.or.jp/pub/list-grid-emission-factor; 由 IGES 根据中华人民共和国国家发展和改革委员会 2015 年报告的数据计算，该报告基于 2013 年的数据。

间接排放还包括化石燃料的油井到油箱排放。根据联合国气候变化框架公约，每种化石燃料类型的标准加成系数被用于估算化石燃料开采、精炼和运输引起的上游温室气体排放。

（3）黑碳

颗粒物排放的增加不仅会导致空气质量恶化，还会导致黑碳排放的增加。通过对黑碳排放和影响的科学评估发现，黑碳的排放对气候的影响仅次于二氧化碳。在 20 年内黑碳对气候造成的影响，相当于同等质量的二氧化碳的 2700 倍，在 100 年内黑碳对气候造成的影响，相当于同等质量的二氧化碳的 900 倍[1]。黑碳是来自柴油发动机的颗粒物质（PM）的一部分。黑碳的温室气体影响是根据 PM2.5 排放量（使用欧洲排放模型 COPERT）[2]来测算的，根据 PM2.5 中黑碳的分数和黑碳的 GWP100 来确定。

（4）当地污染物

考虑对当地空气质量的影响，当地污染物是 PM2.5 和氮氧化物。排放仅包括与燃烧相关的排放，例如不考虑由轮胎或制动器引起的颗粒排放。使用 COPERT 模型，基于对车辆的排放类别来确定污染物。

自 2015 年 1 月起，中国所有重型车辆必须符合中国国家排放标准 IV（相当于欧 IV），并自 2017 年 1 月起，所有公交车都需符合中国国家排放标准 V。

（5）默认值小结

附表 1-2 总结了本报告中用于计算低碳公交车对环境影响的默认值。

---

❶ 参阅 Bond 等学者，《限制黑碳在气候系统中的作用：科学评估》地球物理学报。doi：10.1002 / jgrd.50171 或世界银行，2014 年世界银行。减少柴油车辆的黑碳排放：影响，控制策略和成本效益分析。
http://documents.worldbank.org/curated/en/329901468151500078/Reducing-black-carbon-emissions-from-diesel-vehicles-impacts-control-strategies-and-cost-benefit-analysis

❷ 有关 COPERT 的讨论，请参阅 http://emisia.com/products/copert

计算低碳公交车对环境影响的默认值　　附表 1-2

参　数	描　述	值	来　源
$NCV_{D,NG}$	柴油 / 天然气的净热值	柴油 43.0 MJ/kg NG: 48.0 MJ/kg	IPCC, 2006, 表 1.2
$EF_{CO_2,D/NG}$	柴油 / 天然气的 CO_2 排放因子	柴油 74.1 gCO_2/MJ NG: 56.1 gCO_2/MJ	IPCC, 2006, 表 1.4
GWP_{100} of BC	使用黑碳 100 年导致全球变暖的潜在性	900	IPCC, 2013, 表 8A
GWP_{100} of CH_4	使用甲烷 100 年导致全球变暖的潜在性	28	IPCC, 2013, 表 8A
WTT $MF_D/_{CNG/LNG}$	柴油，CNG 和 LNG 的从油井到油箱的标记系数	柴油 : 23% CNG: 18% LNG: 29%	UNFCCC, 2014, 表 3
Methane slip $NG_{TTW}/_{WTW}$	甲烷在天然气中比重下降，导致 TTW 和 WTW 消耗的百分比	TTW: 1.1% WTW: 2.3%	ICCT, 2015, 表 4

BC = 黑碳；CNG = 压缩天然气；$EFCO_2$，x = 燃料类型 x 的 CO_2 排放因子；

GWP = 全球变暖潜力；MF = 加价因子；MJ = mega-joule; NCVx = 燃料类型 x 的净热值；NG = 天然气；WTT = 油井到油箱。

资料来源：国际清洁运输理事会（ICCT）。2015 年重型天然气汽车排放评估：影响和政策建议。

https://www.theicct.org/publications/assessment-heavy-duty-natural-gas-vehicle-emissions-implications-and-policy;

政府间气候变化专门委员会（IPCC）。2006“IPCC 国家温室气体清单指南”。https://www.ipcc-nggip.iges.or.jp/public/2006gl/

2013 年第五次评估报告（AR5）。https://www.ipcc.ch/report/ar5/;

UNFCCC，2014. CDM 方法工具：与化石燃料使用相关的上游泄漏排放。2.0 版本。

https://cdm.unfccc.int/methodologies/PAmethodologies/tools/am-tool-15-v2.0.pdf.

附录 2　低碳公交补贴政策

补贴将 10~12 米的公交车作为标准的车辆补贴单位，其他长度的纯电动公交车的补贴水平可以根据实际公交车长度和能源消耗，以 10~12 米公交车为基数进行计算。长度小于 6 米的公交车按照给予标准车辆补贴的 0.2 来计算补贴，6~8 米之间公交按照标准补贴 0.5 来计算补贴，8~10 米的公交车按照标准补贴 0.8 来计算补贴，双层公交车或更长的公交车是按照标准补贴的 1.2 倍来计算（附表 2-1）。

公交车的补贴水平（单位：万元 / 车）　　附表 2-1

车型	每单位载重的 E_{kg} 能量消耗（瓦时 / 公里 · 千克）	标准车型（10－12 米公交车）电动行驶里程（每公里行驶速度均等的情况下）					
		6~19	20~49	50~99	100~149	150~249	≥ 250
纯电动公交车	$E_{kg} < 0.25$	20	26	30	35	42	50
	$0.25 \leqslant E_{kg} < 0.35$	20	24	28	32	38	48
	$0.35 \leqslant E_{kg} < 0.5$	18	22	24	28	34	42
	$0.5 \leqslant E_{kg} < 0.6$	16	18	20	25	30	36
	$0.6 \leqslant E_{kg} < 0.7$	12	14	16	20	24	30
插入式混合动力公交车		/	/	20	23	25	

注：/ = 不适用 E_{kg} = 每公斤能耗；

示例：10~12 米的公交车，电动行驶距离为 120 公里，E_{kg} 0.4，可获得人民币 28 万元的补贴；具有相同电动行驶里程和 E_{kg} 相同，但长度为 7 米的纯电动公交车将获得人民币 14 万元的补贴。

数据来源：中国财政部。

参考文献

[1] Bundesamt für Umwelt (BAFU). 2009. PM-10Emissions faktoren vov Abriebspatikeln desStraseenverkehrs (APART) .https://www.transport-research.info/sites/default/files/project/documents/20150710_141622_66365_priloha_radek_1052.pdf

[2] Bloomberg New Energy Finance.2018.Electric Buses in Cities :Driving Towards Cleaner Air and Lower CO_2. https://data.bloomberglp.com/bnef/sites/14/2018/05/Electric-Buses-in-Cities-Report-BNEF-C40-Citi.pdf.

[3] Bond et. al. 2013. Bounding the Role of Black Carbon in the Climate System: A Scientific Assessment. Journal of Geophysical Research. doi:10.1002/jgrd.50171.

[4] California Environmental Protection Agency Air Resources Board (CARB). 2015. EMFAC2014 Volume III – Technical Documentation. https://www.arb.ca.gov/msei/downloads/emfac2014/emfac2014-vol3-technical-documentation-052015.pdf

[5] Clean Hydrogen in European Vities (CHIC). 2016. London Hydrogen Buses and the CHIC project. http://www.all-energy.co.uk/RXUK/RXUK_All-Energy/2016/Presentations%202016/Hydrogen%20and%20Fuel%20Cells/Ben%20Madden.pdf.

[6] Clean Fleets. 2014. Clean Buses—Experiences with Fuel and Technology Options. http://www.clean-fleets.eu/fileadmin/files/Clean_Buses_-_Experiences_with_Fuel_and_Technology_Options_2.1.pdf.

[7] European Monitoring and Evaluation Programme (EMEP)/European Environment Agency(EEA). 2016. Corinair Emission Inventory Guidebook (COPERT Model). https://www.eea.europa.eu/publications/emep-eea-guidebook-2016.

[8] European Environment Agency. 2016. Road Vehicle Tyre and Brake Wear. https://www.eea.europa.eu/publications/emep-eea-guidebook-2016/part-b-sectoral-guidance-chapters/1-energy/1-a-combustion/1-a-3-b-vi/view.

[9] M.Faltenbacher et. al. 2011. Abschlussbericht Plattform Innovative Antriebe Bus (Auftraggeber Bundesministerium für Verkehr, Bau und Stadtentwicklung). https://

www.tib.eu/de/suchen/id/TIBKAT%3A68402764X/Plattform-Innovative-Antriebe-Bus-Abschlussbericht/.

[10] International Council on Clean Transportation (ICCT). 2018. Effects of Battery Manufacturing on Electric Vehicle Life-cycle Greenhouse Gas Emissions. https://www.theicct.org/publications/EV-battery-manufacturing-emissions.

[11] ICCT.2015. Assessment of Heavy Duty Natural Gas Vehicles Emissions: Implications and Policy Recommendations. https://www.theicct.org/publications/assessment-heavy-duty-natural-gas-vehicle-emissions-implications-and-policy.

[12] International Monetary Fund. 2014. Getting Prices Right: From Principle to Practice. Washington, D.C. https://www.elibrary.imf.org/abstract/IMF071/21171-9781484388570/21171-9781484388570/21171-9781484388570.xml?redirect=true.

[13] Intergovernmental Panel on Climate Change (IPPC). 2006. IPCC Guidelines for National Greenhouse Gas Inventories. https://www.ipcc-nggip.iges.or.jp/public/2006gl/.

[14] IPPC 2013. Fifth Assessment Report (AR5). https://www.ipcc.ch/report/ar5/.

[15] Paul Scherrer Institut (PSI). 2016. Trends und Potenziale der Brennstoffzellen-Entwicklung. Presentation realized by Felix Büchi at EMPA AKADEMIE, Dübendorf.

[16] Transport Research Laboratory. 2014. Briefing Paper on Non-exhaust Particulate Emissions from Road Transport. http://www.lowemissionstrategies.org/downloads/Jan15/Non_Exhaust_Particles11.pdf.

[17] United Nations Framework Convention on Climate Change. 2014. CDM Methodological Tool: Upstream Leakage Emissions associated with Fossil Fuel Usage. Version 2.0. https://cdm.unfccc.int/methodologies/PAmethodologies/tools/am-tool-15-v2.0.pdf.

[18] Victoria Transport Policy Institute. 2017. Transportation Cost and Benefit Analysis II—Noise Costs. https://www.vtpi.org/tca/tca0511.pdf.

[19] 戴威. 燃料电池公交车的示范性应用。第二届城市交通零排放国际论坛的演讲，北京，2018.

[20] The World Bank. 2014. Reducing Black Carbon Emissions from Diesel Vehicles: Impacts, Control Strategies, and Cost-Benefit Analysis. http://documents.worldbank.org/curated/en/329901468151500078/Reducing-black-carbon-emissions-from-diesel-vehicles-impacts-control-strategies-and-cost-benefit-analysis.